佛山市建设国家森林城市系列丛书

佛山市建设森林城市征文绘画作品集

佛山市林业局　组织编写

中国林业出版社

图书在版编目（CIP）数据

佛山市建设森林城市征文绘画作品集 / 佛山市林业局组织编写 . —— 北京：中国林业出版社，2018.8
（佛山市建设国家森林城市系列丛书）
ISBN 978-7-5038-9672-9

Ⅰ.①佛… Ⅱ.①佛… Ⅲ.①绘画 – 作品综合集 – 中国 – 现代 Ⅳ.①J221

中国版本图书馆 CIP 数据核字 (2018) 第 166097 号

佛山市建设森林城市征文绘画作品集

佛山市林业局　组织编写

出版发行：中国林业出版社
地　　址：北京西城区德胜门内大街刘海胡同 7 号

策划编辑：王　斌
责任编辑：刘开运　张　健　吴文静　　　　　　　　　　装帧设计：百彤文化传播公司
印　　刷：三河市祥达印刷包装有限公司
开　　本：787 mm × 1092 mm　1/16
印　　张：8.25（其中彩插 3.25）
字　　数：165 千字
版　　次：2018 年 12 月第 1 版　第 1 次印刷
定　　价：78.00 元

"佛山市建设国家森林城市系列丛书"编委会

主　　任：唐棣邦
副 主 任：黄健明　李建能
委　　员（按姓氏笔画排序）：
　　　　　玄祖迎　严　萍　吴华俊　何持卓　陆皓明　陈仲芳
　　　　　胡羡聪　柯　欢　黄　丽　潘志坚　潘俊杰

《佛山市建设森林城市征文绘画作品集》编者名单

主　　编：胡羡聪
副 主 编：柯　欢　何持卓
编　　者（按姓氏笔画排序）：
　　　　　王　宁　仇政鸿　玄祖迎　严　萍　吴华俊　吴连兴
　　　　　邱庆能　何持卓　陆皓明　陈仲芳　胡羡聪　柯　欢
　　　　　梁悦庭　潘志坚　潘俊杰
组织出版：佛山市林业局

前言

在佛山市委市政府的正确领导下，佛山在建设绿色宜居城市的路上不断开拓进取，以工匠精神挖掘每一寸可以绿化的空间，施展独具特色的"佛山功夫"，把种树种成了伟大的事业。从全国绿化模范城市到全国森林城市，再到如今建设粤港澳大湾区高品质森林城市，佛山正在用实际行动践行"绿水青山就是金山银山"的绿色发展理念，为建设美丽中国贡献佛山力量。

自创建国家森林城市以来，佛山市大力开展"森林扩增""湿地汇锦""乡村叠翠""绿城飞花""森动传城"五大主题行动，不断筑牢绿色生态屏，精心打造"绿城飞花"森林花海景观，持续推进森林下乡与湿地公园建设，实现从"浅绿"到"深绿"质的飞跃，佛山市民享受到了"创森"带来的生态福祉，外地的游客纷至沓来。"佛山绿·醉岭南"，佛山的令人瞩目的绿化建设成效使得近者悦，远者来。

"少年强则国强"，青少年是祖国的未来，是绿化建设和建设生态文明的重要力量。新时代的年轻人对森林、绿化建设更是有着独特的见解与视角。为使森林城市建设宣传走进中小学校园，加强佛山市青少年关注森林、热爱森林、保护森林的意识，佛山市、三水区创建国家森林城市工作领导小组办公室牵头组织了"我心中的森林家园"征文绘画大赛、"水韵绿城·创森生活"小学生征文大赛等一系列的青少年征文绘画比赛，激起了广大青少年的创作热情。他们纷纷拿起笔，通过文字和画作对佛山这座万紫千红、多姿多彩的岭南绿城进行描绘，不少作品更是获得艺术家的高度评价。

为更好地宣传和弘扬生态文明，争取广大青少年对森林城市和绿化建设的支持拥护，佛山市林业局决定将从中小学生征文绘画比赛中选出的优秀作品结集出版。

编委会
2018 年 11 月 1 日

目 录

第一部分　佛山市建设森林城市征文

我心中的森林家园 / 李泽邦 2
楼林·森林 / 谢君 3
佛山，我心动的家园 / 陈晓瑶 4
那一抹纯粹的绿 / 陈方 5
我心中的绿色家园 / 彭嘉夏 6
美丽森林，我心中的家园 / 刘晓晴 7
古色青葱 / 张净旗 8
我眼中的佛山 / 钟立英 9
我们美丽的森林家园——佛山 / 谢玲玲 10
我梦中的森林公园城市 / 李楚瑶 11
森林城市——我心中的家园 / 钟婉其 12
我向往的森林家园 / 刘熙之 13
我理想中的森林家园 / 甘泳淇 14
被绿色环抱的城市——佛山 / 郭利婷 15
创森建绿，美家园 / 童炜健 16
我心中的森林之城 / 刘昱楚 17
我梦中的森林家园 / 邓舒琪 18
我心中的绿色家园 / 禤晓彤 19
美丽的森林家园——佛山 / 林思宇 20
我向往的森林之家 / 陈卓一 21
我梦中的森林之城 / 邹皓兰 22
绿意尽染古镇秀 / 柳子灏 23
我的三水，我的山水，我的家园 / 陈游 24
GO！一起来过 3.12 / 杨佩琳 25
我的美丽家园 / 韩琴扬 26
我梦中的森林城市 / 劳嘉智 27
我心中的森林城市 / 蔡漪琳 28
我心中的绿色家园——狮山 / 李雯欣 29
美丽的佛山公园 / 关宗铖 30
理想的森林家园 / 陆倩滢 31
佛山——心中的森林家园 / 周紫依 32
心中的森林家园 / 罗知恩 33
你我用真诚守护一座城 / 何宇轩 34
家乡的"母亲河" / 陈文博 36
水韵晨曲 / 杨语萱 37
假如我是一片绿叶 / 邓颖柔 38
让我们走进国家森林城市 / 陈怡静 39
畅想森林城 / 高咏瑜 40
城市之肺 / 宋雨珊 41
佛山的四季之美 / 郭晓然 42
变在身边，美在眼前 / 刘蕴 43
绿色三水，美好家园 / 何颂扬 44
美丽的城市，绿绿的佛山 / 陈忻翘 45
美在三江水韵 / 邓敏斐 46
三水森林公园 / 莫曦 47
树的自述 / 卢嘉诚 48
我是一朵蒲公英 / 黎晓昕 49
共创森林城市，共享绿色家园 / 陆俊贤 50
2027年森林城市之区长的一天 / 方昱晴 51
我爱佛山绿 / 何凝 52
绿色三水——我的家 / 吴博文 54
魅力绿洲　蝶恋森城 / 李佳桐 56
绿色三水，我的家 / 卢璐 58
我心中的水韵绿城——淼城 / 何镕儒 59
森林之城——三水 / 邓艳姗 60

灵动的绿 / 曾瑞琪 61
小树的笑声 / 邓婷蔚 62
最快乐的一天 */ 陈冠延 63
美的传播 / 许颖 64
三水的云 / 杨浩铭 65
荷花世界的仙子 / 何倩微 66
校园里的鸡蛋花树 / 何倩微 67
保护自然 / 陈梓欣 68
森林四季 / 邓卓妍 69
森林,被放在一场春雨中 / 陈展弘 70
早晨音乐会 / 白航鸢 71

第二部分 佛山市建设森林城市绘画

《现代森林城市》/ 黄慧珊 73
《我们的快乐森林城市》/ 黄俊贤 74
《绿色家园》/ 张丽君 75
《理想中的家园》/ 张文妮 76
《共处》/ 吴婧滢 77
《无题》/ 周志辉 78
《我心中的森林家园》/ 陈可欣 79
《梦幻家园》/ 梁敏琪 80
《绿色守护者》/ 李静茹 81
《绿色家园》/ 黄家新 82
《守护我们的家》/ 尤宏莹 83
《守候》/ 陈宝怡 84
《陪伴》/ 张立勤 85
《生命》/ 陈锦新 86
《绿境奇缘》/ 杨小倩 87
《自然界的演奏》/ 梁晓童 88
《和顺水乡》/ 周恩迪 89
《兴盛繁荣之佛山》/ 徐靖康 90
《植物房子》/ 何少环 91
《森林家园》/ 陆萱霖 92
《美丽容桂》/ 周原茵 93
《热闹的顺峰山公园》/ 梁恩宇 94

《森林家园》/ 汪小楠 张秉香 95
《野餐乐》/ 邓佩滢 96
《乐》/ 程梓垚 97
《鸟儿的乐园》/ 潘彦言 98
《乡村的荷塘美》/ 关乐琪 99
《我心中的森林家园》/ 梁嘉钺 100
《我心中的森林家园》/ 李楚宁 101
《快乐家园》/ 李思颖 102
《美丽家园收集器》/ 欧泳欣 103
《一桥绿城》剪纸 / 陈妍 104

第三部分 佛山市建设森林城市森森不息 绘画比赛获奖作品

《绿城酒店》/ 彭宇涵 106
《绿色家园》/ 许薇 107
《荷间嬉戏》/ 王若琳 108
《绿色家园,快乐成长》/ 温蕴珊 109
《绿色家园》/ 张正东 110
《同一个家》/ 黄溪源 111
《绿化校园》/ 曾羡珩 112
《蚂蚁快车》/ 王悦童 113
《我们植树 我们快乐》/ 陈语涵 114
《绿林约见新乐丰》/ 李倩怡 115
《绿色家园》/ 李颖珍 116
《绿色家园》/ 邱洋 117
《美丽家园》/ 夏晓程 118
《森林里的三水》/ 曾宝琳 119
《自然界的演奏》/ 陈晓岚 120
《大树之家》/ 叶思佟 121
《空中花园》/ 杨雨彤 122
《森林小卫士》/ 黄美婷 123

附录:佛山市建设森林城市征文绘画比赛集体奖及优秀组织奖 124

第一部分

佛山市建设森林城市征文

广东碧桂园学校

班级：高中部国际课程MYP十（1）班
指导老师：刘轶

我心中的森林家园

李泽邦

随着我国城市化进程的加快，人们对改善居住环境的要求越来越迫切。森林作为人与自然和谐发展的一个重要因素，在改善城市生态中作用明显。它能够给城镇居民喝上干净的水、呼吸上清洁的空气以及吃上放心的食物提供保障，对于建设和谐城市，也有着不可替代的功能。

在佛山，森林城市的建设踪迹也是随处可见。曾经，禅城区南庄镇空气污染严重，不论是车子上还是办公桌上，每天都会落上一层灰。然而，如今的南庄镇已从原来的陶瓷工业大镇一跃成为生态工业重镇，罗南生态园、滨河景观带、绿岛湖湿地公园等一系列绿化建设改造升级，让居民的生活幸福指数飙升。

我的爸爸在佛山生活已有50多年了，对佛山的大小主干道都非常熟悉。眼看着佛山的道路绿化越来越好。他经常感慨："在我经常走的岭南大道、佛山一环两边，植物多起来了，花也开得很漂亮。"而说到令他印象最深刻的是广佛高速公路生态景观林带的建设，现在高速路两边开满红花，落英缤纷。其实不仅是广佛高速、佛开高速、珠二环高速顺德段的生态景观林带建设实现高规格完工，佛山今年还完成了佛山一环南延线高赞立交、番村立交等两个重要节点的绿化提升，并因地制宜地把它们打造成开放式的、富有岭南水乡特色的生态公园，同时成为周边市民休闲的好去处。

3年前，顺德区北滘镇潭州水道堤围以外的滩涂地大多是无序经营的砂石场、堆放场、零星闲置地等场所，脏、乱、差现象及安全隐患较为突出，引起周围居民的反感。然而，北滘启动潭州水道滨河绿道景观项目的整体规划建设，使如今的潭州水道两旁变得绿色环绕，景色宜人。

值得一提的是，潭州水道滨河绿道景观项目以绿道为主线贯穿整个项目，并以落羽杉衬托整个堤围沿岸全线，形成一道靓丽的绿色景观带。沿着建成后的潭州水道滨河绿道，市民骑一辆自行车就可以自由地享受滨河生态景观绿道的各项休闲设施和美丽自然风光。

这就是佛山建设森林城市对我的家人，同时也为佛山居民带来的好处，希望佛山的森林城市建设能更加完善，为旅客和居民呈现最美丽的佛山。

佛山市高明区沧江中学

班级：315班
指导老师：吴玉娟

楼林·森林

谢君

　　望着远处新建的高楼，我莫名地想到了森林。那一栋栋耸立的公寓楼，绿色的脚手架还没有拆卸下来，使它们看起来如同一棵棵直入云天的大树。

　　但是真正的大树拥有粗壮的树干、结实的树枝，有茂密的树叶，还有浓郁的树香。树下会有青葱的草地，各色的野花，乘凉的老人，嬉闹的孩童。当你穿过树下的绿荫时，你会感到一阵沁人心扉的凉风迎面扑来，渗着泥土的清甜，也许会有一两只小昆虫跳上你的肩头——这些，都是大自然的气息，晕着生机勃勃的绿意，仿佛让人身处密林。

　　转过街角，一簇簇茂盛的不知名的花草，青翠欲滴的叶子，尖尖的末端挂着晶莹的水珠，倒映着叶间的一朵朵淡黄色的喇叭状的花儿，我抚摸上那娇嫩的花瓣，细腻的触感让人情不自禁地心软下来，忍不住一看再看眼前的翠色，心中一片暖意——哪位画家打翻了淡绿色的颜料，给这冰冷古板的水泥路添上了几分清新。

　　高楼群毕竟不是森林，是楼林。森林应该是郁郁青青，鸟语花香，远远望去，墨绿、深绿、翠绿、淡绿、浅绿连成一片，宛如一块上好的翡翠，折射着大自然最动人的美，衬得天更蓝、云更白、水更绿。这世间的珍宝，无怨无悔地帮助我们净化空气，牢固土囊，宽容大度地接纳学者的研究，孩子的玩耍，雅士的踏青，老人的颐养……

　　然而城市是人们工作、学习、居住的地方，真的就没有容纳森林的一席之地吗？我认为并不是。我从小住在佛山高明。我对着这个平凡的小城，有着浓厚的情感。很庆幸它还能保留着一片没有被雾霾遮盖的蔚蓝的天空，但在楼林密集的今天，我担心这最后的一分美也香消玉损。我渴望能有一片森林出现在这个宁静的小城，守护蓝天，守护美好。

　　也许我们可以充分利用植树节、劳动节等节假日，到山上植树造林；也许我们可以建起生态公园，定期进行维护；也许我们可以去掉不必要的建筑，植上草皮，种上花木；也许我们可以保持一颗绿色环保的心，谴责污染环境、破坏生态的行为……

　　楼林是城市繁荣兴盛的标志，但是不仅有楼林，还有森林，是繁荣的城市返璞归真的象征，这样的城市，才更美丽，才更能让人萌生爱意。

佛山市第十一中学

班级：207班
指导老师：杨俪娟

佛山，我心动的家园

陈晓瑶

森林家园，一个绿意盎然的名字。生活在一个被绿色萦绕的家园里，也是我梦寐以求的。我心中的森林家园，它的一树一草一花都牵动着我的心。佛山，就是这么让我心动一个地方。

风和日丽的早晨，我会去中山公园晨跑。公园外部都是绿油油的一片，有茂盛的小树苗，有嫩绿的小草地。放眼望去，有的老人会练太极，有的老人会跳舞，有的老人会跑步的。进入公园内部，有那么几棵参天大树，高高地挺立在公园内门后，粗壮的根一条又一条，非常发达，它们到底在这生长了多少年呢？无从得知。跑过秀丽湖，一条条可爱的小鱼儿在碧绿的湖水里嬉戏玩耍，有时躲在成群的荷叶下，有时跃出水面争夺游客们所给予的鱼粮。跑到了公园里的小道，两旁总是绿草如茵，时不时还能看见一些可爱的小花儿，小树总是迎着清风摇曳着，小小的树叶簇拥在一起，看起来就像一朵绿色的花儿。旁边的湖也总是水波粼粼，闪闪发亮。真是一个令人心旷神怡的地方。

夜幕降临，当我乘坐着公交车前往佛山新城时，一座座高楼大厦映入眼帘，也看到一棵棵树整齐排列，还有一个个摆着红色花儿的小花坛在路边。到达佛山新城了，眼里还是一片又一片绿，放眼望去，整个新城都是绿色的海洋，绿地清透，绿地鲜明。那精雕细琢的雕塑下被认真修剪过的绿草丛，干干净净地围成了一个小圆圈，时不时还有一片绿油油的叶子探出头来。旁边绿油油的树木，直挺挺地站着，一动不动，像个严肃的军人，守卫着佛山这个繁华美丽的大城市。灯光下的花儿，也是美不胜收，带着点点金灿灿的光，红的似火，粉的似霞，白的似雪。这边的草丛里，她们紧紧地簇拥在一起，争先恐后地开放。那边的草丛里，她们藏于绿草之后，等待世人的发现、欣赏。沿着弯弯曲曲的小路走去，你很容易发现一种蜗牛，它们在地上爬着，慢慢的，懒懒的，挡住你的去路。晚风来袭，你会看到小树优美的舞蹈，嗅到花儿芬芳的味道，听到鸟儿清脆的歌唱，伴着微光的月亮，这都是我心中的森林家园。

森林家园，一个生机勃勃的名字。佛山，就是一个让我这么喜爱的地方。

佛山市第十中学

班级：103班
指导老师：李健仪

那一抹纯粹的绿

陈方

当微风乘着绿意袭来，一缕缕或镂空或一大片大片的、随处可见的绿色植物好似一个巨大的拥抱把我们环抱起来——那一抹沁心的绿，当真是让人自心底愉悦起来。

绿色是多么美好！每天一睁眼，望向窗外，或是走在街边的草坪上；或是小草，上面可能还会有些露水，绿油油的。轻轻软软的不是一簇，好似用浓墨勾勒向四周晕染，每一片小草都有不一样的韵味；树长得高而挺拔，层层叠叠的，像绿色的波浪翻卷着。这些绿意，简直能闪到你的眼睛，别人说是幻境让人沉迷，可盯着这绿色一久，竟也会令人心猿意马。

这些还是每天都能看到的绿色风景，在佛山，那些有名的旅游景点里，有独具特色的西樵山、清晖园、南国桃园、庆云洞、西岸等。无论是哪里，都是一番绿意盎然。在自然的生态系统里会变得更加美好。

可是，一幢幢的楼房被盖起，就意味着将有一棵棵树木遭到砍伐。因此，人们对绿色越来越渴望，都希望生活在有山水、有树木、有花草的环境里。"创建森林城市"已是每个人心中的愿望——谁不想生活在良好的环境里呢？所以，植树、栽花、种草，不再是园林工人的专利，而是属于每个人的责任，也是每个人都应该做的。

我心中的绿色家园将是这样子的：一个崭新的森林城市——佛山将成为我们居住的新环境。公路两旁植上了绿树，像一个个士兵守护着我们；马路上的花基，种上了五颜六色的鲜花，鲜花旁生长着一些小草，更能衬托出花的艳丽。如果把佛山比作一条绸缎，那么这些花基就好比是绸缎上的花纹，点缀着美丽的城市。环境变好了，住着也舒服多了，就算不在这里定居，也要多住几天再回去。每天当我走出家门口，总会闻到扑鼻的花香，边走边赏，这感觉别提有多好了。美，不再是亚艺公园的荷花世界独有。

森林城市，顾名思义就是让城市像森林一样。森林，就是有山有水有植物，山水是必不可少的。顺着一条小路，不久便会听到流水声，不错，这正是一条人工环保河，河水清澈见底，水底的一切可以看得一清二楚；小河"哗哗"地流淌，仿佛一条白丝带镶嵌在草地中，形成了一幅天然的画卷。水是有了，一道道跨越在河两岸的桥梁，桥是复古型的，桥身上镌刻着栩栩如生的图案。再快点，越过小溪往前走一段路就能来到果园了，一到果园，映入眼帘的全是一排排的果树，虽果实还没有成熟，但我相信，等到收获的时候，这里一定会是硕果累累。

一座绿色城市，除了本身的良好环境之外，关键的还是人们的日常行为。

低碳环保，从小事做起，从自己做起，少用一次性物品、少乘车、外出尽量步行或骑自行车、不铺张浪费，将是我们奉行的生活准则。我相信，只要人人都能低碳环保，绿色出行，在不久的将来，佛山一定会更加美丽，佛山定能成为家喻户晓的森林城市、绿色家园。

我心中的森林城市，终将成为现实。到那时，天空更加湛蓝，家园更加美好。

让我们把那一抹纯粹的绿，放在心间上，记在心底里，化作城市的那一片森林之绿。

佛山市顺德区郑敬诒职业技术学校

班级：珠宝163班
指导老师：何文静

我心中的绿色家园

彭嘉夏

　　清晨，第一缕阳光，透过窗户洒进我的房间，把我唤醒。醒后，我静静地坐在床边，细细地幻想着，诉说着我心中的森林家园：蔚蓝蔚蓝的天空上，偶尔飞过一群鸟儿，鸟儿们在嬉闹，发出悦耳动听的声音。在树梢，一两只小虫慵懒地爬行着，恣意享受着阳光，仿佛在为即将成为蝴蝶做准备。世界的每个地方都有大树的影子，哪怕是在沙漠里，白杨树也能坚强地活下去，为沙漠添上一丝盎然的绿意。

　　春天，在这个美丽的家园里，大地万物复苏、生机勃勃、绿意盎然，阳光无所顾忌地倾洒在大地之上，为人们带来一片欢乐的气息。

　　夏天，太阳的光芒变强烈了！人们开始换上清爽的衣服，走在大街上，人来人往。大树张开它们的绿冠和枝叶，为人们遮挡猛烈的阳光。孩子们在大树底下嬉戏玩耍，欢乐愉快地蹦跳着。

　　秋天，花草开始褪去往日的绿意，渐渐变得暗淡无光，叶子渐渐变黄，纷纷坠落在地下，发出"沙沙"的声音。可松树和柏树还没有休息，它们依然披着绿衣，装点着忙碌的丰收季节。

　　冬天，狂风大作，大雪纷飞，街道上弥漫着刺骨的寒意，公园的槟榔树依然像战士一样捍卫着我们的家园。人们开始穿上保暖的衣物，坐在炉火旁或暖气旁，聊着家常，吃着团圆饭，家里的绿色植物依然是绿意盎然，使家家户户散发着温暖的气息。

　　顺德是个好地方，其中最好的是顺峰山，放眼望去，顺峰山公园雄伟壮观，绿树成荫，是一个旅游的胜地。进到顺峰山公园里面，能看见许多的花草树木，这花草树木给公园带来了勃勃生机。向前走去，能看见一个巨大的人工湖，这湖水清澈见底，干净透亮，湖里面还有许多的鱼在里面游来游去，有些游客会把鱼竿带来钓鱼，享受这大自然。一直向左边走去，会看见一大片的草地，在草地上野餐、乘凉，那是一个多么美好的享受，迎面扑来的是清新的空气和好闻的青草味。再向前走，会有一个凉亭和一个莲花池，累的时候可以坐在凉亭里休息，观赏着莲花，让自己融入这美好的环境中，这是最放松、最舒服的。但近二、三十年来，由于工业的快速发展，环境受到一定程度的污染，天没有以前的蓝，一年中灰暗的天气越来越多，河水也没有以前的清。环境的污染已严重地影响了人们的生活质量，雾霾也在危害着人们的生命，政府部门近几年也大力整治污染，开展"青山、碧水、蓝天"工程，现在也初有成效。我相信在大家齐心协力的努力下，顺德在不久的将来会重新拥有青山、碧水、蓝天，生活更美好。

　　我倚在一棵大树旁边，茂密的枝叶撑起一把翠绿的巨伞。耀眼的阳光透过树叶，剪下一地明媚的光影；远远地望着，充满雾霾城市不见了，取而代之的是一片生机勃勃、充满欢乐的绿色家园。

　　渐渐的，我的思绪回来了，这便是我心中的绿色家园！但这始终是一个梦，一个完美无缺的梦！虽然是梦，但也可以创造出来，真正的森林家园要靠行动去创造，从现在开始创造，想让梦不再是梦，就要现在从点点滴滴开始做起，从我做起，让顺德变成真正的森林家园！

佛山市顺德区郑敬诒职业技术学校

班级：珠宝164班

指导老师：李毅广

美丽森林，我心中的家园

刘晓晴

我的家在美丽富饶的珠江三角洲腹地——顺德大良镇北区的一个大型的楼盘里。一梯两户，坐北朝南，16层高楼，通风采光都很好，视野非常开阔。

每当晨曦初露，一阵欢快的鸟叫声就把我吵醒，接着是妈妈轻柔的声音：小懒虫，快起床，准备吃早餐啦！我有些迷恋地离开了自己温暖的安乐窝。拉开窗帘，明亮的光线，照进屋里，我的小天地一下敞亮了。推开宽大的玻璃窗，清新的空气迎面而来，太阳公公已经露出了粉红的笑脸，把一缕缕柔美的阳光洒向大地，高大的棕榈树，茂密的大榕树，在微风中摇曳，发出簌簌的声响。小草透出醉人的绿意，月季花娇艳欲滴，牡丹花雍容华贵，牵牛花密密匝匝，水仙花清淡幽香，各种知名的不知名的花儿，竞相开放。鸟儿在树林里自由地飞翔，累了就栖息枝头，或梳理漂亮的羽毛，或唱起了欢乐的歌曲，汇聚成了悠扬的大合唱。天空碧蓝碧蓝的，像一望无际的大海，在和煦春风里飘动的朵朵白云，就像起航出海的片片风帆。小区的中央，有一个大大的游泳池，一泓清水，波光粼粼，铺洒了一池碎银。经不住美丽风光的诱惑，我快速吃完妈妈为我准备好的精美早餐，洗刷完毕，匆匆投入到大自然的怀抱。

我乘坐电梯下楼，走一走让我心神向往的小区森林。沿着小区悠长的林间小径，我如同一只快乐的小鹿，蹦蹦跳跳，向丛林深处出发。阳光透过茂密的树枝，洒下了斑驳的光影，像小提琴演奏的名曲，树荫下的花草发出沁人心脾的香味，有时我禁不住俯下身去，好闻极了。小鸟在树丫和灌木丛里轻盈跳跃，比翼飞翔，仿佛要告诉我，我才是这里的主人。偶尔也会从花丛里飞来几只翩跹的蝴蝶，跳着优雅的舞蹈，还有一些小昆虫，发出嘤嘤嗡嗡的声音，给幽静的林子，增添乐趣。再往里走，会听到流水的淙淙声，花草林木的旁边有一条弯曲的水流，像一条美丽的丝带，各种鱼儿，在水里自由自在地游动，不时冒起一串串的气泡。我被眼前的美景深深吸引了，沉迷其中。忽然，耳边又传来一阵悠扬的音乐，树林的深处，有一拨习惯早起的爷爷奶奶在晨练了。有打太极的，有舞剑的，有跳扇子舞的。年轻的叔叔阿姨，喜欢消耗更多卡路里的运动，有跑步的，有急速行进的，有负重健身的，一个个大汗淋漓，却精神抖擞。像我一样，正在求学、面临升学的哥哥姐姐，弟弟妹妹，也乘着大好时光，在读书。小朋友更喜欢捉迷藏，隐身树丛，身上沾满了露水，散发出泥土的芬芳。我也陶醉于自然和人融为一体的欢乐的大家园。

走出了丛林，外边的阳光分外灿烂，远处是一片希望的田野，绿色的大地，流淌的清清河水，往来穿梭的人流、车流，天边不时飞过一群白鹭，我脱口而出，吟诵杜甫的绝句："两个黄鹂鸣翠柳，一行白鹭上青天。窗含西岭千秋雪，门泊东吴万里船"。

我爱我的森林之家，她永远是我心中的家。

佛山第十中学

班级：205 班
指导老师：黄文霞

古色青葱

张净旗

　　蓝空碧如洗，几丝云朵慵懒地四处摇荡；淡淡鸟叫，清脆悦耳；阵阵微风，拂在心中；些许小童，乐在其中……

　　佛山古老的莲花街的日常皆是如此。莲花街随时随地都弥漫着古老的气味，一靠近，就会让人深深地陷入它那古老、典雅的气质。

　　这里的房屋是身在城市但却不是城市的，它们传承着佛山的文化，延续着佛山的生命，养育着上百的佛山人。它们儒雅但不奢华，它们热闹但不喧哗，它们美丽但不失风度。

　　一块块青砖积着泥土，搭建成一座座房屋；苔藓、绿苗、小花前来热闹。苔藓正快速争夺自己的领地；绿苗们则一个个争先恐后地探出芽头；花儿朵朵鲜艳，像是在争奇斗艳，谁都不甘落后！

　　清晨，我漫步在莲花街中。薄雾缭绕，白纱般飘浮在空中。淡淡的桂花香弥散在了空气中。我顿时神清气爽，跟随着散落的香气来到了莲花街的深处。

　　树木静静地站在蔚蓝的天空下，一缕缕的阳光穿过重重叠叠的枝叶照射进来，还有的则斑斑濯濯地洒在草地上。草地上挂着的一颗颗晶莹的露珠，倒映着这世间的一切美好。一股微风吹过，空气中散发着青菜、鲜花和湿润的泥土的芬芳。

　　各种各样的花儿散落在地，红的像火，粉的像霞，白的像雪；花丛一群群蜜蜂嗡嗡地闹着，大大小小的蝴蝶飞来飞去。

　　听，黄鹂欢唱，鸽子咕咕，麻雀啾啾；看，彩蝶丛飞，落英缤纷，树木挺拔；闻，淡花香气，清香绿草，湿润土地；触，粗皮树干，顺滑叶脉，柔嫩花朵。

　　"吹面不寒杨柳风"，不错的，像母亲的手抚摸着你。如朱自清描述：风里带来些新翻的泥土的气息，混着青草味，还有各种花的香，都在微微润湿的空气里酝酿。鸟儿将窠巢安在繁花嫩叶当中，高兴起来了，呼朋引伴地卖弄清脆的喉咙，唱出宛转的曲子，与轻风流水应和着。

　　我就这样顺着树儿、风儿、花儿、草儿回到了最初出发点。

　　这时，已是中午。这里的人们敞开大门吃饭，家家都是欢声笑语，和睦共处。

　　是啊，人与人之间的相处不就是这么简单？相互关心、相互帮助。这里的人还是那般淳朴，可在这社会上闯荡多年，在城市的人世间，还有谁拥有着般淳朴？

　　花会落，人会老，让我们现在好好保护我们的生态环境，好好珍惜我们眼前人，好好地为社会、为家人、为自然去贡献一番力量，去认真追寻一个梦想！

佛山第十中学

班级：205班
指导老师：黄文霞

我眼中的佛山

钟立英

盛夏的早上，炽烈的太阳暴晒着大地，刺眼阳光照射，眼睛望它一下，仿佛钢针挑眼珠般难受。在空调房里享受惯了，就厌倦了外面的生活。终究，迫不得已被同学拉去佛山新城滨江公园玩。

走到门口，空气仿佛是绿色的。映入眼帘的是那一棵大榕树，它好像一把擎天巨伞，独木成林，遮住了一大片地。叶子是深绿色，郁郁葱葱的枝叶让人感受到当太阳照射下来时，把火热的骄阳挡在外面，让人迫不及待地想去下面乘凉、享受。同样是榕树，和南浦公园截然不同，南浦公园的榕树和这里一样地大、一样地茂盛，但枝叶耷拉了下来，给人一种死气沉沉的感觉。

榕树的背景板是两边许多排列有序的灌木丛。灌木丛的枝条上长满了像翡翠一样的小叶子，叶子在阳光的照射下闪闪发光，让人情不禁想拍下来。灌木丛底部还有许许多多不知名的小草，它们三五成群地聚集在一起，好像在召开什么紧急会议。那两片尖尖的叶子绿得像用绿蜡笔涂过，绿得耀眼、发亮。这些小草有灌木丛的遮挡，没沾上一星半点灰尘，是那么纯净。让人感受到生命的蓬勃，绿的世界。

走进去，发现了五彩的人工种植梯田，听说这是以龙舟文化为背景种植的五种不同颜色的色叶植物，远看，犹如一条条彩龙镶嵌在绿树花丛中，又像五条艳丽的彩带随风飘荡在东平河上，给枯燥的东平河增添了无限生机。坐在梯田的阶梯上，观赏着五彩的植物，东平河在眼下一览无遗。

梯田的左边是一条没有尽头的木板路。望着路下面好像木板透着几个洞，偶尔会看见微波在荡漾，湖里种植着数不清的莲花。荷花的叶子似一个个绿色的圆盘。荷叶和荷花衬托在一起，风一吹，荷花在风中摇曳，就像一个羞涩的姑娘在绿色的舞台上翩翩起舞。荷花有一股淡淡的清香，令人心旷神怡，不论谁闻过荷花的香气，都会陶醉其中，久久也忘不了荷花清新飘逸的幽香。就算是最不爱花的人，都会禁不住它的吸引。粉红色的花瓣犹如宝莲灯那样开着，里面好似住着仙女，好似周敦颐写的《爱莲说》那样"出淤泥而不染，濯清涟而不妖，中通外直，不蔓不枝，香远益清，亭亭净植，可远观不可亵玩焉"终于明白周敦颐为什么会喜欢莲花了。这里的莲花可以和亚艺公园的媲美了。

多么清宁自然的景色，多么水韵悠悠的情调，总算明白文人为什么都喜欢抛下功名利禄去隐居生活，这样的美景值得让人放下一切。

走林荫绿道，观五彩梯田，逛湿地美景，移步换景，步步是景。这湿地公园呈现出生气勃勃的绿色环境，绿道姹紫嫣然，漫步诗意中，这样的圣地，我无不赞赏。

佛山第十中学

班级：204班
指导老师：黄文霞

我们美丽的森林家园——佛山

谢玲玲

佛山，是我生活了13年的家，在这13年里，我见证了她一点一点地变化，一点一点地变好，我的家也在这里慢慢地扎根。

在2016年中，我觉得最大的变化就是：她穿上了一件漂亮的新衣——一件清新的绿色衣裳。她给我们的生活带来一阵清新的空气，让整天忙碌的人们在下班、放学的路上让心灵得到一丝洗涤，让我们疲惫的身心得到稍微的放松。

在我的生活中确确实实发生着很大的变化。我的家住在汾江河附近，汾江河是佛山市的母亲河。在2016年之前，我不怎么喜欢汾江河，因为每天上学都会经过它，在桥上面看，水面上总是漂浮着很多人们随手乱扔的生活垃圾，即使每天都会有人或者有专门的机器帮忙清理，但是，每天依旧会产生很多的垃圾。

到了今天，我看见了一条不一样的母亲河，经过一段时间的整改，母亲河一天天地变好，垃圾不见了，水变得清澈了许多，阳光照在河面上，泛起清绿色的光芒。在河的旁边建了一条公路，名叫新堤路，在公路的两边种了很多植物，在左边有草坪，斜坡铺满了嫩绿的小草，它们不断地在生长着，还有一些小巧可爱的花朵在为点缀草坪而努力顽强地成长；在公路的右边，有人行道，太阳大时，高大的大树就像是一把天然的遮阳伞为你遮阴，而且在吸收着公路上来来往往的车辆所产生的废气的同时，它也为人们提供着我们赖以生存的氧气。所以，很多人都被吸引去到那里跑步做锻炼。每天清晨，在这里看到的是一条靓丽的风景线：锻炼的人们，一边听着小鸟在枝头叽叽喳喳的歌唱，一边看看河边的风景，别提有多美好了。

我特别喜欢下雨天，因为在下过雨后，整个世界好像洗了一个澡一样，打开窗户，你会闻到空气中飘着新翻的泥土的气息杂着青草味，还有各种花的香。眼前看到到处都是一片绿，小草、大树的叶子是新绿；河就更不用说了，清澈见底，宛如一块碧绿的翡翠，在不知不觉中构成了一幅美丽的雨后春景图，生机勃勃，深刻地印在我的脑海中，久久不能忘怀。

其实，还有很多美丽的地方都体现着佛山森林城市建设风貌做得越来越好，我所挖掘的只是身边的一点，还有很多等着我们去探索，就让我们一起去寻找佛山的变化，一起记录这美丽的变化。

现在，让我们放下手中的手机或者停下再看电脑，看看外面的绿色，再闭上眼睛，好好享受和放松5分钟吧！感受到是不是真的很舒服呢？

在此，我想说：正如大家所说"多种一棵树，就为人类自己的生活添一份保障。"保护绿化，从我做起。请为子孙后代留下更多的绿色。我相信佛山在不久将来会做到"让城市融入森林，让森林拥抱城市"。

我爱这美丽的森林家园——佛山。

佛山市顺德区郑敬诒职业技术学校

班级：综合144班
指导老师：葛文杰

我梦中的森林公园城市

李楚瑶

　　我相信，每个人都有过梦。我曾经做过一个梦，梦见我的家园成了一个"森林公园城市"。

　　早晨起来，推开窗户放眼望去，红彤彤的太阳刚从东方冉冉升起。高大林立的楼房美轮美奂，纵横交错的公路上秩序井然。这就是名副其实的森林公园城市。我发现这里几乎没有一点儿污染，空气特别的清新，天空那么的明朗，这里所有的东西都是太阳能的，就连我们常用的交通工具也是太阳能的。

　　看，那是我熟悉的羊大河，河的两岸树高草茂花繁，风很柔和，空气很清新，太阳很温暖，时时传来小鸟的歌唱声。岸上的柳枝吐了嫩芽；河里平静的水，从冬天的素净中苏醒过来，被大自然的色彩打扮得青青翠翠。河水是那么的干净，清澈见底，微风拂面吹来，送来缕缕清香。这时我情不自禁朗诵起徐志摩《再别康桥》的诗句：

　　　　　　那河畔的金柳，
　　　　　　是夕阳中的新娘，
　　　　　　波光里的艳影，
　　　　　　在我的心头荡漾。
　　　　　　……
　　　　　　那榆荫下的一潭，
　　　　　　不是清泉，是天上虹；
　　　　揉碎在浮藻间，沉淀着彩虹似的梦……

　　一会儿，我走到了市体育中心。这里绿树成荫，鸟语花香，是一个观光的圣地。这里健身器材样样有，而且都很环保。这里不仅有所有的运动器材，还有许多花草树木，每当人们累了，这里的大树就会给人们乘凉，秋天时，人们还可以在果树下摘果子。走了一会儿，又来到了公园湖。这里的湖水真清啊，清得可以看见湖底的水草！沿着湖散步，还可以看见有许多人在湖上划船。公园里充满了人们的欢笑声。人们过着无忧无虑、自由自在的生活。这是森林公园城市的中心。

　　一会儿，我来到了购物中心。这里没有汽车，只有行人。汽车都在地下隧道里，人车分流，所以没有汽车尾气的污染。商场豪华大气，各种各样的商品应有尽有，琳琅满目。商场内的灯饰都是节能环保的，购物的人群秩序井然，是真正的休闲购物。

　　突然，一群人的欢笑声把我惊醒……

　　我睁开眼才知道这是一个梦。但这不是一个平常的梦，而是一个建设美好家园的梦，也是一个建设美好中国的梦。我相信，只要我们人人爱护环境、保护环境，我们的家园就一定会变成一个花园城市，我们的国家也一定会成为一个美丽、和谐的花园般的国家。同学们，让我们朝着这个梦想，不懈努力吧！

佛山第十中学

班级：205班
指导老师：黄文霞

森林城市——我心中的家园

钟婉萁

绿色，象征着春天的降临；绿色，象征着一个地方的环境；绿色，象征着茂盛的森林。

绿，多么熟悉的字眼，青翠的草坪，青翠的树林，满目的绿色给这个世界增添了勃勃生机，一缕微风拂过，草木就沙沙作响，蓝天湛蓝，树木碧绿，空气清新，沁人心脾，还时不时传来小鸟的歌声，小溪也奏上了一首热情奔放的歌曲："叮咚叮咚"，犹如一幅优美的山水画。

从高处一眼望去，那些高楼大厦都有规律地"长"在绿色的海洋中，风吹拂过，绿色的海洋"歌唱"起来了！人站在那棵棵参天大树下，被那千千万万片的树叶"覆盖"住，别人都看不见你了。你应该还没注意到在那一座座楼房后面，是广阔的大海。一阵阵海浪将风"推"过来，有着说不出的凉爽！直视过去，那是一座小山，那儿看不到山路，是因为它被重重叠叠、苍翠欲滴的"绿色"挡住了。几棵松树挺立在山脚下，像山神一样。

在低处看，看到的不仅仅是绿，还有花团锦簇，鸡蛋花挂满了整个树，像是被贴上去的。就连最文雅的茉莉花也将自己的花瓣豪放，还没看到花，就已闻到它的香味。那星星点点的桂花更是让大家赞美不已。最美的还是火红色的木棉花，他们簇拥在一起，像一只红凤凰那样严肃，那样高贵。

在林中走一走，更是有趣。那是一条林间小道，周围全是树和草。有草的地方就长树，有树的地方也长草。这里都是小树，不想外面那么"拥挤"，而且十分自然，这里有很多不一样的树，像银杏树、木棉树……总而言之，一片都是绿色的。从海边从来的风都被它们"染"绿了，一切变得更加清新。

在森林城市中，仰望蓝天，"吮吸"空气，畅饮清泉……

每当春回大地，万物复苏的时候，那似剪刀的二月春风，剪出"千里莺啼绿映红"；剪出"万条垂下绿丝绦"；剪出"汀沙云树晚苍苍"；剪出"百般红紫斗芳菲"；和煦的春风中，那绿茸茸的小草整整齐齐焕发出勃勃生机；那一颗颗小树苗吐出嫩绿的新芽；那万紫千红的花卉，争奇斗艳，点缀出浓浓的春意。这是一片多么美丽的景色啊！生活在这样的环境中是多么惬意呀！这就是我心中的家园！

桂江第一中学

班级：207班
指导老师：许晓

我向往的森林家园

刘熙之

每天，一睁开眼，就能见到清澈的阳光漏进房间，在地板上投射下点点光斑；一醒来，就能听见宛转的鸟叫声传入耳畔，开启一天的美好；一走出住宅楼，就能呼吸着新鲜的空气，漫步在树荫之下。这样的画面，想必是每一个人心中都向往的森林家园，更是我心中的森林家园。现在，我们生活的家园，佛山，也正一步步地朝着这个美好的梦想走去。

转角遇花开

花开时节，每次上学或从学校回家的途中，经过那个街角，就能闻到扑面而来的清新的桂花香。桂花是小小的、淡黄的，如身着一袭鹅黄连衣裙的未出阁的少女，藏在郁郁葱葱的叶中，那花的香味也似花的形态，淡淡的、沁人心脾，使人忍不住想驻足多停留一会儿。再转个弯，到了另一条街道，远远地就能看见街道两旁栽的那些我不知道名字的树，树上开着我不知道名字的花，和被花铺满了的马路。我虽未闻花名，但却深深地记住了那花美丽的颜色，从玫红到艳粉到浅粉，由深到浅一路渐变。这样美的花，铺满了马路，如给马路披上了一件最华美的礼服，还有树的倩影，从树的枝叶中漏出来的点点阳光，也一同洒在马路上。每当我走过这条街道，就仿佛置身于世外桃源，心中豁然开朗。

转角就能遇见盛开的鲜花，这是佛山，这是我梦想的森林家园。

楼树相辉映

不知什么缘故，在我的记忆里，无论四季，佛山的树都苍翠着。在一栋栋拔地而起的高层建筑中，总能看到一抹抹的绿色，如影随形，无处不在，杂乱而细碎的树影投射在各种各样的建筑材料上，带着特殊的美感，给这如出一辙的冷色调的城市增添了一缕生机。夜晚，华灯初上，耀眼的霓虹灯给建筑物上色时，也不忘给树木渲上一层层的色彩，使那本是青翠的树木也显得妖艳许多。每当我坐在公交车上经过时，看着一排排的树木齐刷刷地向后退，总是感到莫名的舒畅和安静，或许，这就是植物的神奇力量，这就是生活在森林城市中的快活吧。

高楼大厦和苍翠的树木交相辉映，这是佛山，这是我理想的森林家园。

举头望蓝天

佛山的空气环境并不差，相比起北京那些时常被雾霾笼罩得不见天日的城市来说可是好得多了。有时，在一场倾盆大雨下过后，抬起头来竟也能看到晴空万里。碧蓝的天空高不可攀，明亮得刺眼，阳光便从那里倾泻而下，偶尔还会有几朵不规则形状的白云慢慢悠悠地走过，或是飞机在天空中驰骋，只留下一条长长的尾巴，代表它曾经来过。这一切，都以那湛蓝的天空为背景，看上去就如同一幅色彩纯净而浓烈的油画，被隔绝在时空之外。

抬头就能看见碧蓝的天空，这是佛山，这是我心中的森林家园。

这些看似不经意的景和物，一点一点地组成了我向往的森林家园，愿佛山，在不久的将来，也能变得如此美丽。

佛山第十中学

班级：204班
指导老师：黄文霞

我理想中的森林家园

甘泳淇

在我的心里，一直有这样一个理想的家园：

春天，可以沐浴在明媚的阳光里，漫步在青青的小径上，两旁的花儿灿烂得像一张张孩子的笑脸。

夏天，水池里开满了美丽的荷花，成群结队的小鱼在荷叶下面欢快地游来游去。

秋天，果园里的果子你挤我碰争着要人们去摘呢！

冬天，大地穿上了一件白色的衣裳，我和小伙伴们在田野上堆雪人，打雪仗……生活在这样的家园里，我可以安静地读书，快乐地成长！

湖面很平静，水清清的，高空的白云和周围的山峰清晰地倒映在水中，湖水天影融为一体。在这幽静的湖中，唯一浮动的就是一些飞鸟了。人们说出山色多变，其实，湖色也多变，淡蓝、深蓝、浅绿、墨绿，在湖面上，界限分明。

璀璨的万家灯火，映照着天边的星光，如霜般的月色。构成了一幅世间难以媲美的光的美景。公园里偶尔传出一声声的鸟儿嬉戏打闹的欢笑声，但是它们就像独行的游侠，害羞的姑娘，以至于我总是无缘见到它们。公路两旁散发出来的鲜花绿草的芳香，在夜晚的柔风里，使人心旷神怡。古人常说，"芳草萋萋侵古道"是一种美；那么，故乡的"绿树成荫绕新径"难道不是一种美吗？七彩的霓虹灯，把一排排的绿树装点成一片色彩的海洋！灯光、星光、月光；鲜花，芳草，绿树……这经人工的雕琢的自然之物，相映成趣，相得益彰，把夜晚装扮得更加美丽，更加漂亮！

佛山市正在努力地打造绿化城市，多观察观察，你会发现佛山的绿化其实有很多，马路旁、公园里都会有绿化。我相信，未来，佛山会变成一个充满绿色的城市，一个充满生机的城市！

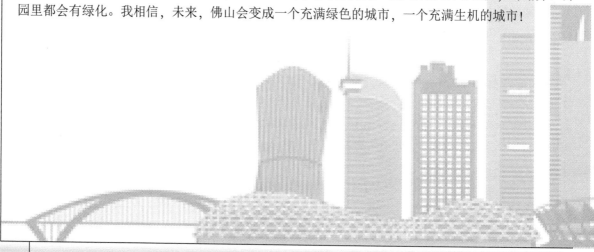

佛山市第十一中学

班级：207班
指导老师：杨俪娟

被绿色环抱的城市——佛山

郭利婷

  我们生活的城市自诞生之初，便存在着或多或少的问题。但我们的城市有"以人为本"的理念，有坚持不懈的努力与探求，有"海纳百川，有容乃大"的气度，她的文化，她的精神带给我们深入骨髓的记忆，新的时期我们喊出"绿色城市"的口号，让生活变得更加美好。环境是"绿色"的，郁郁葱葱的树木，以及往来其间，闲庭信步的游人。多么美好的城市——佛山。

  那绿得养眼的、广阔的公共绿地上，惬意的人们相信，乡村旖旎的风光同样也能出现在城市当中。城市中不仅有现代工业文明的一切成就，同样的，走在马路上，迎面而来的，是条条街道的两旁，那棵棵大榕树、那朵朵鲜艳的杜鹃……城市中的环境是醉人的。人们的精神是"绿色"的。学校传来莘莘学子朗朗的读书声，图书馆中埋头阅读的人们，或许还有从茶楼里传出的爽朗的笑声。城市有其魂，它在人们的举手投足间展露出来。或许是一个人如痴如醉地沉浸在阅读之中，又或许是人们坐在明亮的音乐厅中静静地、静静地，听着一首首耐人寻味的交响曲吧。

  或许是专注于对弈的两个老人，或许是相逢一笑的一种温暖，皆给人以一种美留在心底。生活在城市中，人们的精神与生活是富足的。每一分，每一秒也许不会来得惊心动魄，但是充实而有意义，让人体味生活的美好，让人向往一切的善。我不想把城市描绘成一个河水发臭、街道肮脏、汽车喇叭此起彼伏、生活紧张而让人喘不过气来的地方。也许的确存在一些美中不足之处，但城市是一心向上的，如今，城市依然美中不足，但，城市在一点点地发生改变。当我们遵循她的足迹，也许我们会发现她正像一个孩子般逐渐成长，逐渐散发她的令人向往的气息，只有生活在文化与历史的氛围当中，人的心灵才会产生美的感受，当然，我就是其中的一份子。

  佛山确实是这样让人身心愉悦的，特别是被绿色环抱的佛山，显得更加美丽、耀眼……

高明第一中学附属初中

班级：908班
指导老师：刘惠霞

创森建绿，美家园

童炜健

"今夜偏知春气暖，虫声新透绿窗纱"。佛山市像是森林的种子，春天悄然而至时，它也悄悄地从肥沃湿润的土壤中发起芽来，嫩嫩的，绿绿的。当你看着它成长的过程，不知为什么，只觉得一切都变绿了，更美好了！

一早清早，一个人独自站在阳台上，一丝微风穿过铁网，徐徐吹来。这时，深深地吸上一口含着新翻泥土的味儿，这味儿似乎是绿绿的。不再站了，要带着欣喜的心情，打上十二分的精神，去看一看在建设着的佛山森林城市风貌。

公路两边的树木像是站岗的哨兵，站立在此不动，而且一棵对着一棵，十分整齐，再细心地看看，树也有个树样。没有一些特别的枝干而影响整棵树，而且连树叶本身也那么清新、秀丽……一切也都变了，感觉唐僧不再啰嗦，悟空不再好斗，八戒也不再懒惰。过马路时，看见是绿灯，骑车的下车推车而过，走路的也选斑马线而过，没有什么人再违反交通规则。大家都爱文明、爱绿色行走，也不再随地乱扔垃圾，只想一心一意为佛山创建森林城市尽份力。

在一个大城市中，能有一片片的绿，那就莫过于公园了。这里本有一块尽是泥黄的地，但现在呢？"天街小雨润如酥，草色遥看近却无"来形容此块地是最适合好不过的了。一丝丝的绿意，带来了清新、优雅。这一丝丝的绿正如绿宝石，还眨呀眨的。要感谢佛山市人民政府的策略，为我们的家又增添了一点绿。

当我走到一座古旧斑驳的小木桥边，听着潺潺流水声，会突然发现自己在公园旁的小山脚下。抬头向远处望去：隐隐约约看到几个穿着绿色衣服的人，有的手拿铁锹，有的提着水……哦！是在植树啊！一处完成后又向别处进发，渐行渐行，渐渐融入了山脚的绿色中，就看不见了。

"不识庐山真面目，只缘身在此山中。"原来，在道路旁，在草地上，在小山脚上，"森林城市"的建设一直进行着。为此，我们身为佛山市民，愿为佛山城市更加努力，投入到战斗当中。

来吧！让我们完成创森建绿美家园的心愿吧！加油！

桂江第一中学

班级：209班
指导老师：周淑燕

我心中的森林之城

刘昱楚

"制造之城绿意深，望山见水满目春"！这是生活在佛山这座城市的人民对这个城市的美好愿望。

在我的心里有这样的一副蓝图：宽阔的马路两旁是一棵棵茂盛的大树，人们倚在一棵棵大树的身旁，茂密的枝叶撑起一把翠绿的伞，耀眼的阳光透过叶儿，剪下一地的光影儿。远远地望着，充满烟雾、尘埃的城市已不在了，取而代之的是一片充满生机、空气清新的绿色城市。高高低低的楼房，白屋檐，绿瓦片，整洁的白墙。宽敞的室内，一家人坐在餐桌上，欢快地聊着天，呈现出一幅简简单单、其乐融融的画面。每家每户的屋前，都种着两三棵小树。你瞧，樱桃树、苹果树、梨树……待到它们硕果累累时，一个个果实缀在果树枝头上，露出一张张美丽的笑脸，笑得多灿烂啊。屋前不仅会种树，每年春天都可以自己动手在屋旁的小田地上种植蔬果，来劳动，体会收获的喜悦。而小动物们呢，就和人类和睦相处，把这时的城市当做家，不会再有乱捕滥杀的现象出现，再也不需要闹钟来消耗电池了，鸟儿可会在每家每户准点报时。

可这样的城市会不会太农村化？当然不会！城市里当然有商业街、各种工作单位了。商业街的建筑比平常的房子普遍高一些，形态不一。每家商店前都栽种着许多花，路上不能通车，只能步行。望着马路旁的花海，闻着它们姿态地吐出的芳香，马路上的人海，可也不失喧闹。工作单位就简单多了，规划和商业街相似，可那儿的环境就寂静得多了，在这种环境下工作，相信人们工作的效率会比现在高得多。如此大的森林城市，当然也会有交通工具了。每家每户都会拥有一辆自行车，自行车可以折叠成像公文包的模样，携带起来方便轻巧，还有双人同骑的，不但更省时还省力呢。自行车的速度毕竟也不快，这样森林动物就派上用场了。人们可以骑上豹子在动物道上行驶，那速度，保证"一跑千里"。当夜幕降临的时候，动物们便会聚集起来开一场小演唱会，蝴蝶在舞蹈，蜜蜂在伴奏，蟋蟀在配乐，弹着吉他尽情地投入着，像灵泉般回荡在森林城市里。

森林城市的夜晚不仅热闹而且明亮。屋子里那幽暗的灯光伴着五彩斑斓的霓虹灯，照亮了整个城市。漆黑的夜空中，颗颗明星也眨巴眨巴着眼，为夜空缀上了不一样的色彩，为城市，点上了不一样的灯。

在森林城市中，仰望蓝天，吮吸空气，畅饮清泉……

那么，将绿化建设好，给大家一个良好的"森林环境"，让大家每天浸泡在"森林浴"中，仅仅只是做到这些是远远不够的。还需要以科学发展作为指导，牢固树立"让城市融入森林，让森林拥抱城市"的理念。充分利用佛山市社会经济优势和自然山水，森林资源，结合历史文化名城保护，着力推进森林城市的生态、产业、文化和建设，构建城市生态屏障，建设城乡一体化森林城市系统，改善人们的生活环境，打造生活品质之城，努力构建森林城市。让我们用希望拓展希望，用生命激活生命，用爱心播种绿色，用双手去创建森林城市吧！

我心中的森林家园，那是有多么的美好！

让我们用希望拓展希望，用生命激活生命，用双手创建生命之林，用心谱写生命之歌，用行动创造一个属于我们的森林之城。

佛山市三水区西南街道第十小学

班级：六（2）班
指导老师：刘群弟

我梦中的森林家园

邓舒琪

　　我的家乡在三江汇流的地方，那里有山有水，有良田万亩，桑基鱼塘，更有现代化的大工厂。

　　暑假的一天傍晚，我漫步在北江大堤上，远处正上映着浪漫多姿的火烧云，红彤彤的霞光，映在泛着微波的北江上，波光明灭，如洒满金子一般。近处，青草地上，水牛一动不动地站着，似乎也被天空的瞬息万变吸引了。我静静地坐在河边，清凉的河水抚摸着我的脚踝，如同母亲的手一般。看着江边那一叶叶渔船，乘风破浪而去，我的思绪不禁也随它远走。

　　暑假游玩三水城区的一幕幕像电影般播放着：南丹山上游人如织，柔软的草地上，人们坐着野餐。清澈的溪流从高山上欢唱着流下，树木在微风的吹拂下发出"沙沙"声，枝头鸟儿在欢快地鸣叫，漫山遍野的鲜花绽放着灿烂的笑容，人们在溪边戏水，人们在林道歇息，林间全是人们的欢歌笑语；十里果廊瓜果飘香，龙眼、荔枝、黄皮、火龙果如一个个俏皮的孩子在树上荡着秋千，惹得人们驻足痴望，垂涎欲滴。荷花世界，满园荷香，荷花仙子们傲然地站在水中或妖娆妩媚，或亭亭玉立，或琵琶遮脸地藏在圆盘中。小小的游船从荷花边上经过，人们忙着和仙子们合影留念，淘气的孩子们，正用手给荷花浇水，水珠如同断了线的珍珠，纷纷落在白中带粉的花瓣上，落在碧绿宽厚的圆盘上。清脆的笑声如银铃般响彻整个荷花世界。

　　繁华的三水城区，掩映在绿树红花之中，马路两旁木棉树如武士般挺立着，守护着。春天，英雄花开满枝头，远远看去像红霞一般，形成了独特的风景。夏天，满树绿色又为行人撑起了一把流动的伞。树下绿草如茵，花团锦簇，招引来不少蝴蝶、蜜蜂。道路干净整洁，井然有序。西南公园，更是绿意盎然。一棵棵参天大树雄踞山头，凤凰花的娇艳，紫荆的淡雅，玉兰的芬芳，桂花的清香，走进公园，让人心旷神怡。花丛边，树荫下，人们自得其乐。

　　啊！我梦中的森林家园不正是如此吗！没有任何污染，有的只是无限美好。宽敞的马路上，人们骑着脚踏车，脸上洋溢着幸福的笑容，偶尔有一辆辆小轿车驶过。路边没有到处飞扬的塑料袋，也没有随地乱扔的垃圾。

　　天边最后的一抹红下去了，江面上开始安静起来，汽笛声惊醒了还在沉思的我，夜幕降临，华灯初上，这座美丽的森林城市已经换上了华丽的礼服，准备迎接更美好的明天。让我们共同携手为建设三水城区贡献自己的力量吧！

小学征文

佛山市三水区西南街道第四小学

班级：六（6）班

我心中的绿色家园

禤晓彤

我心中的绿色家园，是没有污染的人间仙境，是一个鸟语花香的美丽家园。天空湛蓝深远，空气清新甜润，树木郁郁葱葱，河水清澈见底。

清早，走出家门，仿佛来到了一个绿色世界，呼吸着新鲜空气，欣赏着五颜六色的鲜花，顿时心旷神怡。枝繁叶茂的树木，笔直地挺立在道路两旁。斑斑点点的日影好像演绎着一个个不同的故事。风拂过树头，漾起一阵阵林波，"沙，沙……"犹如在演奏一首动人的乐章。漫步林中，一阵若有似无的香味让人神清气爽。此时你突然听到溪水的声音，沿着小路走去，清澈的小溪出现在你眼前。溪水不停地向前流淌，发出"哗哗"的流水声，溪底的细沙被溪水冲走了，只剩下一些粗沙，被洗刷的干干净净。水中偶尔会有一些小鱼在玩耍。有顽皮的孩子捡起石块，向溪水中扔去，水中立刻溅起晶莹的水花，水花落下去，水中又荡漾起一个个的圆圈。抬头仰望天空，雪白的云朵镶嵌在蓝天中，好像蓝色绸缎里的几朵银花，朵朵白云在天空中变幻着，一会儿如万马奔腾，一会儿像高楼宫殿，一会儿似各种各样的动物。

你也可以足不出户，就能享受到绿色城市带来的身心愉快。你坐在家里的阳台上，沏一壶茶慢慢品味。你可以尽情欣赏窗外的绿树红花，闻到花草树木的清香；你可以听见小鸟在枝头歌唱的清脆悦耳的声音，久久陶醉其中，慢慢回味。

令人向往的城市，有果园的点缀就更完美了。越过小溪往前走一段路就到果园了，一到果园，映入眼帘的全是一排排的果树，树上开满了花朵，等到收获的时候，这里一定会是硕果累累。一座绿色城市，除了本身的良好环境之外，还需要人们良好的日常行为。所以，我们要从小事做起，从自己做起，低碳环保，绿色出行，在不久的将来，我们生活的城市将成为绿色家园。

虽然，我们现在的环境还不是那么乐观，但是，我相信在不久的将来，我们一定能实现这个目标——让森林走进城市，让城市拥抱森林。

佛山市禅城区怡东小学

班级：六（4）班
指导老师：黄楚婵

美丽的森林家园——佛山

林思宇

　　好些年前，由于城市化进程的步伐加大，佛山高楼林立，陶瓷厂遍布，汽车在马路上川流不息……美丽的佛山逐渐有点褪色了。可是，在佛山市人民政府的重视下，佛山开始变了样。政府决定对污染环境的工厂进行改造，改造不了的就迁走；排放黑烟的黄标车禁止上路；实施汾江河的整治等措施。现在，佛山迎来了新的面貌。

　　今天就让我带你们逛逛佛山新城吧！

　　走过东平大桥，眼前除了崭新的建筑，其他几乎都是绿色！一股清新的感觉随之而来，就仿佛漫游在这片绿的海洋中。瞧！那一棵棵大树齐刷刷地望着我，鸟儿呼唤着，蝴蝶飞舞着，我一下子就融入其中了。我想：果然是新城，既有现代化城市的气派，又弥漫着大自然的芬芳，真的太美了！我呼吸着新鲜的空气。忽然，风娃娃来了，她轻轻拨弄我的发梢，就从我的身旁溜过了。这调皮的风娃娃！哟，原来她是去唤醒大家！瞧，懒惰的小草伸了个懒腰，爱美的小花还在梳妆呢！我高兴地向他们打招呼："你好，小草，太阳都晒屁股了，你现在才起床呢！你好，小花，你把自己装扮得这么漂亮，是准备上台表演吗？你好，大树，要不是有您的辛勤付出，我们怎么能呼吸这美好清新的空气呢？嘿，勤劳的小蜜蜂，嗡嗡嗡地在讨论什么呢？我看你们这么认真，是在讨论哪种花的蜜更香甜吗？"

　　静下心来，我听到了小鸟玩耍的叽喳声，看到了朵朵白莲在眼前绽放，嗅到了大自然的芬芳清香，并抚摸到了风娃娃柔和的脸庞。

　　我完全陶醉在这如诗如画的"世外桃源"里了。忽然，我明白了森林城市就仿佛是让自己置身于一个大花园里面。回程中，我坐在车上静静地想：要是每一个人都能爱护环境，积极参与植树活动，保护我们美丽的家园，这样，既可以让市内的环境更加宜人，又可以让居民们亲近大自然，那多好啊！这就是我的森林家园——佛山。

佛山市三水区西南中心小学

班级：五（6）班
指导老师：彭静霞

我向往的森林之城

陈卓一

  我是一只美丽的小鸟。我有一身雪白的羽毛，强而有力的翅膀，在天空飞翔；我矫健的身姿，总会吸引起其他鸟的注意，身后总会传来阵阵鸟鸣。我是一只那么优秀的小鸟，我也要选一个优美的地方栖息，所谓"良禽择木而栖"嘛。我听说佛山市三水区是一个长寿之乡、饮料之都的南国水乡，那里山清水秀，环境优美，所以决定来考察考察。

  我挑了一个阳光灿烂的早上，飞往三水区去瞧一瞧。一路上，我只见山坡葱郁，绿树成林，河流清澈。城区里，街道非常干净，没有一点垃圾，道路中间还有一列花坛，开满了五彩缤纷的花儿，种上了葱翠挺拔的树木。大树伸开枝条像卫兵一样向过往的车辆敬礼；青青的小草依偎在树的脚下，显得非常亲密；草丛里，害羞的花儿偷偷地往外张望呢。这里还真不错！

  继续往前飞，我飞到了传说中的森林公园。只见浓密的绿阴遮盖了曲曲弯弯的幽静的山路，尽管太阳在炙烤着大地，却一点也不会觉得炎热。一缕缕清凉的风吹来，托着我矫健的翅膀把我送到了一个宽阔的湖面上。

  平静的湖水在清风的吹拂下泛起粼粼波光。湖水清澈得可以看见水中的鱼儿自由自在地游来游去。湖畔，小路两旁树木参天，只见晨练的人们在伸伸腿弯弯腰，一边舒活着，一边尽情地呼吸着新鲜的空气。

  大湖的旁边是宣言广场。这里有一个很大的草坪，比足球场还大。只见我的许多小伙伴都在这儿玩耍：小麻雀们在蹦蹦跳跳地捉迷藏；几只喜鹊站在矮矮的杜鹃花上玩着跷跷板，高兴起来就"嗖"的一声直冲到高树上去了；偶尔有一两只长尾巴的山鸡张着大翅膀从树上飞上天空，像是谁家的孩子放起了风筝……在草坪后是一个缓缓的小山坡，长满了低矮的灌木和山杜鹃，高高的马尾松像士兵似的守护着这片宁静的小树林。小松鼠在树上蹦来跳去，小野兔在草丛里挑选着美味的蘑菇……这是多么美好的环境，多么舒适的居所，这真是我们鸟类生活的好地方啊！

  我要赶快让风姑娘给我捎个信儿，告诉远方的小伙伴：我终于找到了向往的森林之城！

佛山市三水区西南中心小学

班级：六（1）班
参选组别：何令娴

我梦中的森林之城

邹皓兰

  我梦中的森林之城，是一个鸟语花香，绿树成荫的地方。三水区，正在成为这样的城市。

  清晨，我漫步在森林公园内。公园里，目之所及都是树木，到处郁郁葱葱，我深深地吸一口气，只觉得满腔都是负氧离子。阳光在那翠绿的树叶间跳跃，投下斑驳的光点，四周一片寂静，偶尔传来鸟儿的欢叫声，置身其中，真让人以为自己在森林中呢！路上不时见到跑步健身的人，相遇时点头一笑，转眼间又消失在树丛之中。我沿着湖边散步，只见湖面水平如镜，倒映着天空的一朵朵白云，两边树木也不甘落后，把自己的倩影投在水中，形成一幅赏心悦目的美丽图卷。

  八月不正是看荷花的好时节吗？中午，我又来到了荷花世界，炎炎烈日之下，吃着雪糕坐在亭子里欣赏荷花，多么惬意啊。还未接近荷花池，便闻到了一股淡淡的荷香，香味让人神清气爽。池里的荷花有的如亭亭玉立的女子坐在池子中央，不时还会招引蜻蜓、蝴蝶停在花瓣之上；有的如羞答答的孩子，偷偷露出自己粉红的脸颊；有的花瓣掉落在荷叶上，如一级级的船型楼梯……真是一朵有一朵的姿态！一路赏花，看到许多工人在太阳下辛勤的劳作：有的人正在扫地上的落叶，有的人在荷花池边捡干枯的树叶，还有人在给植物园里的花花草草浇水……荷花世界正因为有了他们的劳动，所以变得更漂亮了。

  傍晚，太阳落山，只留下了天边的晚霞。晚霞就像是仙女的彩带，红色、黄色、橙色、紫色，漂亮得让人惊叹。我追寻着彩霞来到了北江公园。北江公园临江而建，公园内篮球场、足球场、羽毛球场一应俱全。暮色中，我看到绿草如茵的球场上，许多孩子正在争先恐后地追赶着足球。忽然一阵欢呼声吸引了我的视线，原来那边篮球场上有人进球了，真厉害！我不由得赞叹。跟随散步的人群，来到北江边，看着在江面上行驶的船只，吹着凉爽的晚风，我微微一笑，这不就是我们梦想中的森林之城吗？

  三水区正在向美丽蜕变，佛山也会变得越来越美好，成为一座美丽的绿色城市，一个充满魅力的绿色城市。

佛山市禅城区冼可澄纪念学校

班级：五（3）班
指导老师：尹慈妹

绿意尽染古镇秀

柳子灏

堤防绿浪、古镇毓秀、公园优美、有路皆绿。这是一幅优美的城市绿色画卷，这也是我的故乡——佛山，创建国家森林城市以来的真实写照。

佛山是全国"四大名镇"之一，走在街头，城市公园、街旁游园随处可见，春花、夏绿、秋实、冬青，一年四季均孕育着勃勃的生机。近年来，佛山市以创建国家森林城市为载体，在新城拓展、旧城改造中，栽绿建绿，旧貌焕了新颜，变得妖娆多姿，让海内外游子叹为观止。禅城的绿岛湖，南海的千灯湖、孝德湖……湖边树木错落，绿意盎然，各式景观遍布其中，为城市绿化"点睛"；佛山大道、季华大道细心的人们会发现，道路两旁原先略显单调的绿地变得五彩缤纷，各式花草随着季节的变化，在这里变化出绮丽的影像；在城区主、次干道的两旁，高大的木棉花树与草坪构成的美景让人目不暇接……

每到节假日，我总喜欢和爸爸妈妈骑上自行车沿着展现岭南文化水乡风情的佛山新城绿道，一边呼吸着新鲜馨芳的宜人空气，一边随心所欲地游览。晨光微曦中，绿叶婆娑、摇曳多姿的一株株芒果树及大榕树、相思树、扶桑树、刺桐树等组成的绿化带，以及一条条栽植着青翠灌木丛和缤纷花草的绿化区间道，那一片片绿茵茸茸、赏心悦目的绿地，不由令我时时驻足细品，击节赞叹："故乡呵，你变得更美更迷人了！"

你可知道，过去的佛山随着经济的高速发展，曾是环境污染大市。壮士断腕，刮骨疗毒。为了同一片蓝天，佛山人以务实、远见、坚韧，打响人民环保战，经过多年的整治，佛山由从前的污染大市踏上了低碳、循环的绿色发展之路。所以，作为佛山的小主人，我们要低碳环保，从我做起，从小做起，从身边做起，从现在做起，保护好这座绿色城市。我相信，只要人人都能低碳环保，绿色出行，在不久的将来，佛山一定会更加美丽，成为家喻户晓的森林城市、绿色家园。

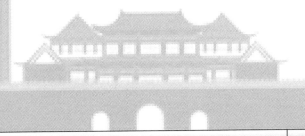

佛山市三水区西南街道第十一小学

班级：六（4）班
指导老师：黎洁欢

我的三水，我的山水，我的家园

陈游

我生活在一个被绿色包围的城市——三水。这里有山有水，四季都是郁郁葱葱，绿意盎然。

春天，我们的城市"绿肺"——森林公园满眼绿意。那些树绿得新鲜，绿得浓密。你站在如茵的草地上，看着四周的树木，宛如置身无边的森林，树木参天，生机勃勃，每一片叶子都是绿的，但又绿得不一样，有墨绿、有嫩绿、有深绿、有浅绿……各种各样的绿，绿得清新，绿得仿佛流进了人们的眼睛，流进人们的心胸。森林公园里植物种类丰富，环境幽静，生态环境一流，还有健康步行道、自行车绿道等设施，人们可以漫步公园中迂回曲折的林间小道，欣赏绿野林间风景，也可以在凉亭中小憩，呼吸充满负离子的大自然新鲜空气，放松身心，享受回归大自然的情怀。

夏天，你一定要去我们三水的荷花世界，那里占地1000亩*，其中水面积600亩。走进园中，只见各色荷花争奇斗艳：红红的、娇艳的夏荷，紫色的、静静安躺的睡莲，白白的、摇曳多姿的碗莲，圆圆的叶子像个大盘子的黄莲……有的还是花骨朵；有的半开着，像害羞的小姑娘；有的花瓣全开了，尽情展现她的风姿。风一吹，一池的荷花都翩翩起舞，那铺满池塘的荷叶，就像荷花仙子的裙摆在舞动。最特别的是并蒂莲，自古以来，人们便视并蒂莲为吉祥、喜庆的象征，善良、美丽的化身。"青荷盖绿水，芙蓉披红鲜。下有并根藕，上有并蒂莲"的名句广为传诵。她是花中珍品，其生成的几率仅十万分之一，可在我们三水荷花世界，近几年都出现过并蒂莲，这说明我们这里真是福地哦！我邀请你来欣赏荷花世界的迷人风韵，尽情领略中国荷文化的无限魅力吧。

秋天，就去城区中心的西南公园吧！色彩丰富的花草，高低错落的树丛，掩映在绿树红花中的幽静小路，吸引着人们来这里休憩、玩耍、健身……即使是秋天，公园里绿意不减，丝毫感觉不到秋天的萧瑟。大大的人工湖像一面平静的镜子，蜻蜓在水面上轻轻一点，一圈圈的涟漪荡漾开去，湖边孩子的嬉笑声、广场舞的音乐声、球场上的喝彩声，汇成一首动听的协奏曲。

冬天，地处亚热带的三水，还是郁郁苍苍，不论是道路两旁的绿化树，还是各个社区、大大小小的公园，都是葱葱茏茏，看！绿树掩映中的左岸公园，人们在晨跑、跳广场舞；看！刚建好不久的凤凰公园，花儿不畏寒风，争妍斗丽。看！碧波荡漾的云东海，秀丽的风光，良好的生态，引来一批又一批游客……

我的三水，我的山水，我的家园，怎能让人不爱呢？

*1亩 ≈ 0.0667公顷。

佛山市顺德区北滘镇承德小学

班级：六（2）班
指导老师：何福娣

GO! 一起来过 3.12

杨佩琳

今天是 2025 年 3 月 12 日，植树节。早晨，阳光明媚，鸟语花香，真是一个好天气！我转身对弟弟说："GO! 我们一起去植树吧！"可弟弟却说："老姐你太 out 了，什么年代了，还植树。"我疑惑了。

弟弟接着说："现在经过国家商议，一致认为，植树节应该这样过：把街道打扫干净，把墙刷干净，给大树裁剪一下，并施肥，浇水。然后可以检举谁乱砍树，谁乱扔垃圾，检举人可以参加 5 个国家的植树节；被检举人要被罚到非洲去植树 2 万棵。"我一听，风风火火地跑进杂物间，不到一会儿，手上拿着拖桶、拖把、扫把等清洁工具来到弟弟的面前，说："走啦！。"他一脸疑惑："干什么。""清洁啊！"我说。弟弟一脸无奈，只好跟着我走。

来到大街上，果然有许多人在打扫。我也放下东西，和弟弟一起打扫。"好累。"我坐在一旁休息，只见每一个人都弓着腰在辛苦的打扫，可我却看见了洋溢在他们脸上的笑容，我猜他可能在想：现在辛苦一点，以后我们就可以生活在干净的小镇上了。

打扫了一上午，累趴了。听弟弟说，下午还有"绿色自行车环镇一圈"的活动。我先吃午饭，睡了一个午觉，穿上单车服，整装待发了。

到了下午两点，我和弟弟分别踩着一辆变速单车，来到绿色公园，已经来了很多人，我的好姐妹霖菲和梦羽早就在那等我啦！

我们一起踩着单车，到了均安的时候，我们发现了有一个小朋友在折树枝，因为他还是一个小孩子，去非洲就免了。我们骑到他身边，耐心跟他说道理，果真是一个好孩子，他先对大树说了一声，对不起，然后捡起树枝扔进垃圾桶。

回到家里，我一上床，就沉沉地入睡了。

"叮铃铃""杨佩琳，起床了。"妈妈在大声喊叫着。我一看表，2016 年 1 月 20 日 7:30，哦！原来只是一场梦。

但这一场梦却让我懂得了：爱护花草树木，人人有责。

佛山市南海区九江镇石江小学

班级：六（2）班
指导老师：周海华

我的美丽家园

韩琴扬

  在我心中，常驻着一个美丽的家园：蓝蓝的天空白云飘，在蓝天白云下面，绿绿的山，清清的水，满眼都是郁郁葱葱的大森林；红的花，绿的草，到处都是清脆悦耳的鸟叫声；孩子们在草地上快乐的玩耍，动物们在森林里自由自在地漫步；人们在这里幸福地工作，生活！

  清晨，迎接你的是初升的太阳，充满了朝气。一出门，就与微风撞了个满怀，风中含着露水的气息。在马路上，你看到是一辆辆行驶的单车，而不是排放废气的小汽车。清澈的小河中没有了工厂排放废水，也没有了行人乱扔垃圾，更没有了漂在水中发臭的死鱼。每隔一段距离，都会有一个风景秀丽的公园。走进公园，听小溪潺潺，泉水叮咚，树叶沙沙，阳光下溪水静静流淌，鸟儿欢快的唱着歌，蔚蓝的天空衬托着白云优美的舞姿，快活的小鱼儿时不时跳出水面与你打招呼。在这里，碧水变得异常的透明、清澈。为花儿伴舞的青草，摇摆得格外卖力。这里开满了鲜花，红的桃花、白的梨花、紫的兰花、粉的玫瑰，它们都拥有优秀的舞伴。阳光下的大自然就像精心绘制的一幅画。躺在草地上，打几个滚，或者一动不动看着生机勃勃的美景，就总会有一种说不出的快感涌上心头。这时，我总会想起杜甫的《曲江对雨》"林花著雨燕支湿，水荇牵风翠带长"。

  不知不觉，夕阳已经悬在半空中了，它照在我身上，就仿佛渡上了一层金子；它照在水面上，河水就浮光跃金，似乎一颗颗神奇的小星星闪闪发光；它照在树上，树就好像擦了一层油，显得更加翠绿了。渐渐地，夕阳在我的视野中远去，周围安静下来，只听到青蛙与不知名字的虫子在唱和。月亮升上了天空，大地笼罩着一层薄薄的纱，人们三三两两出来散步，惬意极了！

  这就是我心中的美丽家园，是我依恋的美丽的梦中城堡！

佛山市南海区丹灶镇第二小学

班级：五（7）班
指导老师：林丽珠

我梦中的森林城市

劳嘉智

在一个炎热的下午，闷热的空气，把我的思绪带向了远方！

2039年，我成为了一名伟大的科学家，我发明一座城市——原野城市。

城市里的水利用了一种高科技处理系统，它可以把任何水转化成饮用水。经过处理后，水中含有人体所需的各种矿物质。城市里的空气十分清新，闻起来让人心旷神怡，因为到处都种满了一种特殊的树木，它可以吸走空气中的有害气体，经过光合作用，散发出迷人的清香。当你来到我设计的城市中，你还会发现，城市里的电不再用煤炭、核能去发电了，而是利用了太阳能、风能、潮汐能等大自然的能量。

建筑物与以前也大不相同，现在是用一条条竹藤缠成一大片，拿工具裁剪出特别、环保、耐用和坚固的空间。里面冬暖夏凉，为你制造了一个舒适的环境。夏天不用担忧蚊子来侵犯，他们封闭得很好，而不影响空气流通。附近种了一圈猪笼草与一圈艾草，可以驱除室外的蚊子与虫子。

在这座城市里，早上，一大片树木映入眼帘，有木兰树、芒果树、榕树……你瞧，荷花池两旁还种了一排排柳树，她们的辫子随风飘扬。荷花池里种满了各种各样的荷花。晚上，你会发现灯光明亮，五颜六色的霓虹灯，照亮了整座城市。

"儿子！儿子！"妈妈的呼唤声把我拉回了现实。不过我相信，以后的某一天，我的愿望会被点燃。

佛山市禅城区元甲学校

班级：四（2）班
指导老师：陈小华

我心中的森林城市

蔡漪琳

假如我有时光机，我要去古老的中国感受那时的天空，欣赏一望无边的森林，听听动物们欢快追逐的声音。

我从小生活在佛山。从我有印象起这里有很多的高楼大厦，许许多多的车辆穿梭在马路上，排出无数的废气。所以天空很难看见蓝天白云。但就在今年，佛山正悄然的变化。在我家门前公路两旁种着一棵棵的芒果树，青黄的芒果成熟得掉下来，环卫工人们正好捡来解解渴。在人行道旁还种着许多五颜六色的花儿，花香儿吸引着蝴蝶和蜜蜂的飞舞，真是让人看了心旷神怡！原来这些变化是因为我们佛山正在打造森林城市！

现在的佛山随处能看见小花园。一到星期天我就要骑着单车去呼吸新鲜空气，其中我最喜欢去的地方就是今年新增的亚艺湖荷花池。一进园，看见亚艺湖，清澈的水中有着蓝天白云的倒影。接着穿梭过一片翠绿的竹林，远远就能看到一片烟雾，仿佛看见了仙境。急忙向前去，只见一片片好像盆一样大、绿绿的荷叶上立着一朵朵粉嫩的荷花儿，它在雾气衬托下是那么的娇艳。嗡嗡地唱着的蜜蜂儿围绕着花儿们，蝴蝶拍打着翅膀欢乐的舞动着，好像在说："你看这里多美啊！"

这时候的我心想，我不需要时光机了，这就是我理想中的森林城市！

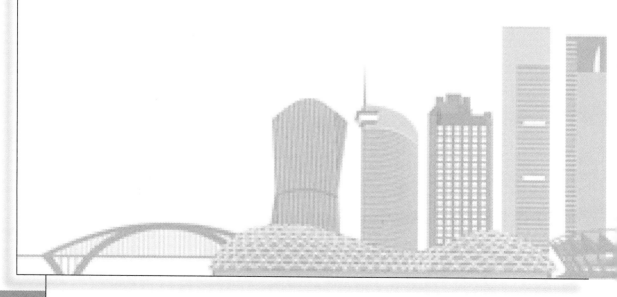

佛山市南海区狮山镇小塘中心小学

班级：六（7）班
指导老师：李爱萍

我心中的绿色家园——狮山

李雯欣

我的家住在狮山镇，每天晨曦初露，我就背着书包走在上学的路上。放眼望去，道路两旁花红柳绿，小鸟在树上唱着欢快的歌。绿色环保的公共自行车穿梭于大街小巷。马路上不再是排放灰尘的各种小汽车，空气清新怡人，好舒服呀。

春天，我们来到狮山的博爱湖，只见烟波浩渺的湖水在绿树的映衬下变得更加清澈，更加迷人。我们泛舟湖上，湖岛上的建筑构思新颖别致，亭台楼榭倒映水中，绿的树、红的花生机勃勃，相映成趣。漫步湖边，微风从湖面上吹来，也送来阵阵花香，使人陶醉其中，乐而忘返。

冬天，正是南方百花盛开的季节。岁寒送娇羞，姹紫依风袅。万绿丛中秀靥留，更著嫣和俏。我们来到位于南海狮山镇的佛山植物园，只见数千亩茶花开得风姿摇曳，茶花风头正盛。全世界的茶花都能在园里看到，栽植超过1500个品种，为华南地区数一数二的茶花基地。值着放假，三五知己，慢步茶花园，期间闻着茶花的清香，欣赏着茶花的娇态。你睇并蒂嫦娥、越南抱茎茶、红露珍、十八学士等品种，其中"植物界大熊猫"的金花茶是当中珍品。我们不停地选取角度，选取心仪的茶花进行拍摄，一路欢声笑语缓缓前行，生怕漏掉一朵茶花。在游人如织的植物园享受着冬日的暖阳，娇艳茶花带来的气息，谁能不感叹"生活竟是如此美好"。

沿着茶花大道前行，我们欣赏到世界上最为稀有和最为漂亮的茶花。在姹紫嫣红，美不胜收的茶花园旁边，还有许多珍稀的树木，一片连着一片有松树、枞树、白桦树……走在浓密的树林里，偶尔听着小鸟们的窃窃私语，心情自然无比舒畅。

傍晚，走在狮山郊野公园的林荫道上，听着身边溪流的潺潺流水声，看着晚霜也奇妙地变换着颜色，愈来愈深，抹在深深的绿色之中。一切都变得如此美好。

这就是我们狮山人心中的绿色家园，到处绿草摇曳，鲜花盛开，生在这，长在这，作为狮山人有谁不感到骄傲和自豪呢？

佛山市禅城区南庄中心小学

班级：五（1）班
指导老师：陈柳红

美丽的佛山公园

关宗铖

　　从古至今，人们一直向往着幽静的森林，喜欢它的空气清新，喜欢它的山清水秀。经过大家的努力，终于在我们身边涌现出了一个个美丽的森林公园，让我们的生活变得多姿多彩起来。我最喜欢的就是坐落在美丽东平河畔的佛山公园。

　　走进公园，一棵棵绿草在阳光的照耀下显得朝气蓬勃，一片片的草地宽敞宁静，让人忍不住要在上面躺一躺。花儿们更是争奇斗艳，黄的、红的、白的、紫的、暗蓝的……颜色各异，五彩斑斓，更让空气中飘荡着各种芳香。大树们也不甘示弱，它们高大的身体为小花小草们遮风挡雨，它们才是森林公园里的大功臣。

　　对了，不要忘记了公园的河畔，公园是依着河流建设的，所以有一条长长的河畔。这条生机勃勃的大河给寂静的森林增加了一片生机。河水不仅滋润着公园里的花花草草，还在河畔创造出适合白鹭生活的地方。坐在河畔欣赏白鹭悠闲地在浅水的地方玩耍、找小鱼吃是一件有趣的事。优美的白鹭、成群的游鱼与翠绿的河水融为一体，这真像一幅美丽的画卷！

　　公园里不仅有美丽的景物，还有各种各样的小昆虫、小动物。小蜜蜂勤劳地在花丛中采蜜；小蝴蝶在草地上翩翩起舞；小蜻蜓像架小飞机穿梭在树木之间。还有成千上万的鸟儿聚集在这里安家落户，鸟儿们不仅颜色鲜明，而且形态各异，跑的、跳的、飞翔的，每只都有自己的魅力。鸟儿还会发出悦耳的声音，像是为公园唱出一首首动听的乐曲。

　　每到假日，我就会和爸爸妈妈一起来到公园里玩耍，我们在草地上踢球、奔跑；在大树底下野餐、纳凉，爸爸还会给我们讲他小时候有趣的事情；在花丛中散步、倾听各种鸟叫声……这美丽的公园带给我们一家无限的欢乐和幸福。

佛山市禅城区南庄镇中心小学

班级：六（2）班
指导老师：何丽娟

理想的森林家园

陆倩滢

  在每个人的心目中都有一个理想的家园，这个家园可以大到无边无际，也可以小到藏在自己的心灵深处，然而，身处在这个二线城市里，我深切地体会到，有一个理想的森林家园是多么的重要。

  在我心目中，南庄有一个地方就是我心目中的理想家园。这里，欧式风格的建筑物，给人展现出了时尚和潮流的气息，这里，景色优美，绿树成荫；这里，小桥流水，虫鸣鸟叫；这里，隐藏着大自然的声音呢！只要你仔细听听，就听到小鸟叽叽喳喳，好像在说："今天天气真晴朗。"蝴蝶和蜜蜂嗡嗡地叫着，好像在说："今天我多收一点花蜜了。"大树抖抖手臂，好像在说："大家好！"花朵们纷纷绽开自己的脸蛋，好像在说："请大家要爱护花草树木！"这里，还有小石板路，每天晨昏，都能看到一些健身的身影在这里小跑，人群里归类地聚在一起，老人或者跳舞，或者打打太极拳；小孩或者在骑单车，或者在溜冰鞋，或者在追逐，等等；还有一些带小孩子的奶奶或者妈妈，她们手推着婴儿车，三三两两聚在一起，聊聊育儿经，讲讲生活中一些琐事，看着她们脸上洋溢着的笑容，就能感受到幸福和快乐。这一刻，就连空气也是甜甜的，恰似一幅人间仙境。

  每天黄昏，晚饭后，我也会加入这群人当中来，荡荡秋千，玩玩滑梯，打打球，运动运动，伸拉一下浑身的肌肉，闻一下这股带着淡淡清香的空气，一天下来的疲倦感也会很快消除……

  在这里，我找到了我心目中理想的森林家园。那你们的家园呢？

佛山市顺德区容桂上佳市小学

班级：五年（2）班
指导老师：陈蕊琳

佛山——心中的森林家园

周紫依

佛山，人杰地灵，山川秀丽。是广东地区具有多处美景的地方，同时，绿色随处可见。

"创森"是"创建国家森林城市"的简称，国家森林城市是指城市生态系统以森林植被为主体，城市生态建设实现城乡一体化发展，各项指标并经过国家林业主管部门批准授牌的城市。知道创森是什么意思后，我就介绍介绍美景吧！

杏坛，是珠江三角地区最具有水乡特色的乡（镇），拥有岭南特色的自然生态环境和大量的历史遗迹、文化遗产。在杏坛，最出名的当然要数"逢简水乡"啦！那里有美食、美景在向我们招手。来到水乡，放眼望去，小桥流水，绿树成荫，鸟语花香……村落的小路由一块块长方形的石头铺成，这里有上百间古屋，绿色随处可见。逢简的水多、桥也多，桥在逢简形成了一道亮丽的风景。逢简人桥的名字也颇富诗意，让人不禁想象起来，如青云桥、烟桥、雨桥，合起来称为"青云烟雨桥"，逢简的桥与古榕树相映，好似一副清新的自然画！下面讲讲令人感动的植树故事吧！

孙中山先生是我国近代史上最早倡导植树造林的人。1893年他起草了著名的政治文献《上李鸿章书》，指出，欲强，须"急兴农学，讲究树艺"。辛亥革命后，孙中山先生提出了在中国北部和中部大规模进行植树造林的计划。规划了农业现代化的远景。1924年，他在广州的一次演讲中强调："防止水灾和旱灾的根本方法都是要造林，要造全国大规模的森林。"此后，他在许多著作和演讲中，反复强调毁林的危害性和植树的重要性。1915年在孙中山先生的倡议下，当时的北洋政府正式规定了"清明节"为"植树节"。自此我国有了植树节。后因清明节对我国南方来说植树季节太迟，同时也为了纪念孙中山先生人逝世日，3月12日被定为"植树节"。1979年新中国第五届全国代表大会再次确定每年的3月12日为我国的植树日，以纪念一贯倡导植树造林的孙中山先生。

我们生活在同一个地球，环境是我们自己的，也是大家的，为了我们的绿色家园，我们要爱护环境，多多植树！把我们的地球保护好！

佛山市冼可澄纪念小学

班级：五（5）班
指导老师：赖明霞

心中的森林家园

罗知恩

　　森林，这两个字眼总让我们生活在城市里的"市民"感到憧憬与好奇，有许许多多童话起源地就在那里。森林里独一无二的新鲜空气，满眼不同层次的绿，山水流淌的悦耳的声音，以及蔓延致全身的舒服与轻松……

　　城市，这是我们最熟悉的地方，生长在21世纪的我们，早已离不开这个地方。这里有最先进的科技，最繁华的商场，最琳琅满目的商品，和最有效的现代教育。

　　城市固然是好的，在城市里生活的种种便利与安全系数都有保障。可如今，城市的发展却过于变本加厉，工业的蓬勃发展，矿藏的过度开发，森林的过度砍伐，汽车的大范围使用……导致地球伤痕累累，全球变暖，地球绿色植被减少，许多动物濒临灭绝，甚至出现了可怕的雾霾现象，有许多人因为天气炎热而不幸死亡。

　　如果我们在城市加强绿化，多种植树木，不但能吸走汽车尾气，二氧化碳，让空气更清新，还能美化环境，也让我们自己生活在优美的环境中，心情似乎也跟着鸟语花香了。

　　我们佛山的亚艺公园、千灯湖、绿岛湖、季华公园、石湾公园、荷花世界等，就把自然风貌和城市建设结合的恰到好处，相得益彰！使我们长期在佛山的居住者受惠不少。比如，在我们紧张的学习和工作之余与家人，好友一起出来游玩闲逛一番。既可欣赏美丽的自然风景，呼吸新鲜的空气，又能休闲散心，交流感情，真是一举多得。

　　以上这些美丽的景点无疑是人民政府和市民在维护城市森林绿化中的典范。在节假日，游人络绎不绝，人人笑脸盈盈，快快乐乐的。

　　要让城市环境更美好，除了积极参与绿化，还要爱护环境。比如最基本的不乱扔垃圾，不随地吐痰，不践踏花草树木；另外在自家阳台也可种植花花草草，帮社区种植花草树木，积少成多，滴水成河！而且赠人玫瑰，手有余香，闲暇时照料一下花草，生活充实有趣。社区环境好，邻居们神清气爽，自己也有满满的成就感！

　　有时候，人们无论做什么总是追求极致，一边的尽头是落后，一边的尽头是末日。而明日不是末日，在人们追求极致的工业化现代化时，希望我们大家都想一想，所谓的完美会不会让周围环境受到伤害，让心爱的人不知在何方，让无辜的人受到牵连，让我们自己毁在自己的手里！希望人人参与保护环境，增强绿色环境，所有人用心配合，世界是我们所有人的，希望明天不是末日而是充满希望的新世界！

佛山市三水区西南街道中心小学

班级：五(6)班

你我用真诚守护一座城

何宇轩

三水这一座小城的天空是蔚蓝的，三水这一座小城的河道是清澈的，三水这一座小城的航拍是绿色的，三水这一座小城的一切是可爱的。

你是否留意到，有那么一群人，就在我们的身边，如你，如我，还如他和她，我们都在为这座可爱的小城而默默付出、无私奉献着。我们用彼此的真诚，忠心地守护着"水韵绿城"，用心打造属于三水人的"创森生活"。

你我都是水韵绿城的设计者

有专家引领设计的淼城是科学的、有规划的。

在三水的城市规划设计院中，设计院的老院长和一位年轻的设计师在谈论三水新城与旧城的发展规划设计方案。年轻的设计师在电脑显示屏幕上快速地演示着，一会儿说这里是最新的设计理念，一会儿说这是欧美小镇最美的设计方案，一会儿又说，三水要成为怎样的创新城市。只见得老院长微笑着拍着年轻设计师的肩膀，语重心长地说："小伙子，三水城市建设的规划做得真不错，但城市发展的脚步可不能走得太急呀。你可千万不要忘记三水是一座有着古老历史的小城啊，新城的建设要与旧城的改造都要和谐发展。不要让这座三江汇流的宝地失去人文的温度啊！"

设计师心领神会，他很认真地解说道："老院长，请您放心，您看，新城的建设中，我们就兼顾了历史与传承，我们改造了西南河涌，我们在新城的左岸建设了'水韵公园'，还在那里设计绿道，更在公园里设计一个'红头巾'纪念广场，专门纪念旧时为三水发展贡献过力量的妇女；您看，我们在旧城改造的项目上，保留了西影一带的老城模样，又在旧城的边沿开发创建了北江新城，这里的绿化建设也是最棒的，您就放心吧，三水的历史是永远不会被人们遗忘的。"

老院长终于放下心来，他握着年轻设计师的手，欣慰地点点头："三水是个好地方，我们作为老一代和新一代的设计师，一定要把三水这座城市设计好，规划要科学合理又合乎老百姓的需求！"年轻设计师用心地点点头："我记住了，我们都是水韵绿城的建设者！"

你我都是水韵绿城的建造者

有执法卫士守护的淼城是秩序井然的。

每隔一段时间，三水的城管执法叔叔们都会到各个工厂突击检查。在一座大工厂里，城管叔叔们正在和工厂的主要负责人谈话。厂长带着城管叔叔们参观他们的排污程序。只见城管执法队长开口称赞道:"你们的新建的排污程序真不错,巧妙利用先进的方法把排污物处理掉,所有的工厂企业都应该向你们学习呀!那样的话,我们当城管的可就没有那么多烦恼了!"工厂的厂长又带城管叔叔们去参观车间的各项生产程序。看着从机器里送出的一件又一件的成品,工厂的厂长给城管叔叔们介绍:"您看,我们的商品都是有绿色环保标志的,我们绝不会使用不环保材料,虽然我们这样做,投入的成本将大很多,但是用户们便能放心使用。我们更不会赚黑心钱。"

城管执法队长与环保工厂厂长的手紧紧地相握在一起:"是啊,三水这座文明城市的建设真的离不开你我的共同守护,你我都是这座美丽城市的共同建设者啊!"

你我都是水韵绿城的守护者

有美容卫士呵护的淼城是干净整洁的。

清晨,那一抹像暖阳一般的橙颜色就像一朵朵美丽的向日葵绽放在三水这座小城的大小街道上,他们就是我们的橙衣天使——环卫工人。你看,他们一手拿着笤帚,一手拿着簸箕,穿梭在大街小巷里,一次又一次地把地面上的垃圾收集起来,一遍又一遍倒入那橙色的手拉垃圾小车里。无数个烈日下,他们不怨一声苦;无数个寒冬里,他们不喊一声累,精心地呵护着淼城。就是他们的劳动精神换来我们这座城市的美丽。

那群身穿红色小马褂的小记者来到一位环卫工人的跟前,送上一瓶矿泉水,递上一张擦汗的纸巾,他们问道:"叔叔、阿姨,你们累了吗?"只见环卫工人们憨厚地笑着,一边擦着额上的汗珠,一边朴实地说:"我在三水居住快15年了,我也在三水工作15年了,三水是我第二个家啊,她漂亮了,我们就开心了,大家就住得更高兴了。你我都是美丽城市的守护者啊!"

是啊,三水是我们的家啊,我们的家有你,有我,还有他(她),我们不但是这座水韵绿城的主人,更是这座水韵绿城的设计者、建造者、守护者,愿你我都来为她未来的美好出谋划策,更愿未来的三水天更蓝,水更清,树更绿,城更美!你我用真诚守护一座城,我们共同守护水韵绿城!

佛山市西南中心小学

班级：四（1）班

家乡的"母亲河"

陈文博

　　我的家乡有一条江，名叫北江。她不华丽也不壮观，她有的只是朴素而又平凡，然而我对她的情感就像女儿对母亲深深的依恋。

　　春天里，到处是生机盎然，堤坝上的小花小草结队似的从泥土里一股脑地钻了出来。给这位朴素的"母亲"带上了一个锦绣的花环。蓝天白云下，孩子们在堤坝上竞相放着风筝，五彩缤纷的风筝争抢着"欲与天公试比高"。他们哪里是在放风筝啊，他们放飞的分明是自己的梦想……

　　夏天，太阳像个大火球，火辣辣地烘烤着大地。人们纷纷走下堤坝，来到江边，扑通扑通跳进水里，好不痛快。一群孩子带着游泳圈在浅水区里嬉戏玩耍，还有一些孩子们在稍远的地方打水漂，那些石子在水面上欢快地、有节奏地跳跃着……那荡漾在水面上的笑语欢声和溅起的银白色的水花，给这烦噪而又喧嚣的夏天增添了无尽的活力和清凉。

　　白天的码头上，一艘艘轮船发出震耳的汽笛声，好像士兵吹奏的号角，永不疲倦地在江面来来回回地行驶。熙熙攘攘，忙忙碌碌的一天到了夜晚，就变得格外沉默静寂了。月光下母亲穿着华丽的银色礼服，安详而又美丽，她温柔地环抱着熟睡的孩子唱着动听的曲调带他们甜美的进入梦乡。

　　这就是哺育着我，伴我成长的河流，她流淌着我童年的欢声笑语，承载我生活中的悉苦哀思。我爱你，北江，我眷恋的"母亲河"！

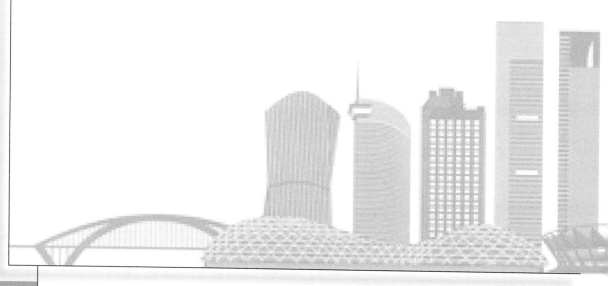

佛山市三水区西南街道第八小学

班级：四（3）班
指导老师：刘月勤

水韵晨曲

杨语萱

　　清晨，轻雾笼罩着大地，在树林中萦萦绕绕，仿佛一块轻盈的薄纱，在公园里轻轻滑过。晨曦中的三江水韵公园宁静、清雅，偶尔的鸟啼声是闹钟，逐渐唤醒公园里的花草树木，提醒着它们：天亮了！

　　我们沿着郁郁葱葱的草地，来到河沿边上。此时太阳刚刚从河面升起，一缕阳光照耀在河面上，波光粼粼。忽然，水面上泛起了一圈圈波纹——原来，是一群可爱的小鱼儿在水草丛边嬉戏。路旁的一行行柳树冒出了嫩绿的小叶芽，还有点点黄斑，我走近一看，柳枝上竟开出了几朵淡黄色的小花！一阵微风拂过，千万条柳枝犹如绿色的丝带在飘舞，我们置身其中，感受着"碧玉妆成一树高，万条垂下绿丝绦"的意境。

　　太阳渐渐升起来，草地上开满了各色小花，花瓣上的点点露珠，在阳光温暖的照拂下，闪闪发光，犹如一颗颗晶莹的钻石撒落在草地上。美丽的蝴蝶在花丛中无忧无虑地飞翔，在鸟儿轻灵的歌唱中，翩翩起舞。环卫工叔叔阿姨们在河边的草地上修剪草坪，被修剪过的草地散发着浓浓的草香。我们走在春意盎然的小路上，闻着青草的味道，看着蝴蝶纷飞，听着悦耳的鸟啼声，感到无比惬意。

　　太阳升上半空了，轻雾散去，公园里的景色也逐渐清晰明朗。相隔不远处就有三两个人，来到河边，撑起鱼竿，静静垂钓。有小孩和父母在绿道骑自行车，欢愉的笑声不断传出。远处突然传来一阵汽笛声，循声望过去，原来在公园的前方新崛起的铁路上，一辆白色的列车从江面上飞驰而过，妈妈说这是轻铁，跟高铁一样，都是三水新的交通工具，从三水至广州，只需30分钟，这些交通缩短了城市与城市之间的距离，为生活提速。蔚蓝的天空上有一条纯白色的痕迹，那是飞机留下的印记。

　　三江水韵公园建成有两年了，公园里的花草树木都在茁壮成长，花红柳绿，鸟语花香。这么美丽的环境，让人感到像是走进了一幅连绵不断的画卷，我们要保护好这个美丽的城市，爱护绿化，使我们的城市更加美好。

佛山市三水区西南街道第八小学

班级：六（6）班
指导老师：彭爱珍

假如我是一片绿叶

邓颖柔

假如我是一片平平凡凡的绿叶，随风飘呀，飘呀……一天，我飘到了美丽的佛山三水。我会带你寻遍三水最美的踪迹，感受独特的水乡风情。和你一起，在三水度过最值得回忆的时光。

我，又飘到大南山，与自然共处，聆听心灵召唤，到三水踏绿野，寻仙踪。我会牵着你登上大南山，脚踏北回归线，看瑰丽无比的日出。

我，又飘到了侨鑫生态园，看园内郁郁葱葱，花香蝶舞，鸟语花香；看古木参天，绿荫摇曳，独揽清幽；看小桥流水，水乡风情。

我，又飘到了三水森林公园看看卧佛。抬头看到偌大的观音娘娘卧倒在眼前，你会犹然生出一种巧夺天工的震撼。我会和你一起，在卧佛面前，许下我们的心愿。

看完卧佛，我飘到北江大堤。骑车游三水，吹吹风，看看河，在北江大堤上御风而行，或许还能够找回小时候与小伙伴你追我赶的畅快。思贤滘、大塘、芦苞祖庙，沿途领略三水美景，仔细聆听江风诉说的三水故事。

享受完快意骑行，我会飘到芦苞祖庙。我让你看看庙内那些瑰丽精巧的装饰，虽历尽沧桑，仍栩栩如生；看看那冬暖夏凉的"金沙圣井"久存不腐，散发岁月光芒。

中午，我会飘着带你去吃三水最有名的农家菜。鸡煲蟹、烧鸡、青头鸭、大盘鱼、河鲜、农家菜……这里有最新鲜的河鲜，最原始的生态，你一定会赞不绝口。

你最爱带着相机，记录下这座城市的历史。我会飘到三水的百年海关，探望淹没于民居之中的三水旧海关，被人淡忘的广东最老火车站三水南站，以及它们背后的历史文化符号，一定能带给你非同一般的惊喜。

我，又飘到大旗头古村。踏着岁月痕迹，怀旧一天。步入这个清朝村落，古榕树、老祠堂、高第府……都让人心若止水，静静地欣赏它们，品读曾经的沧桑。

傍晚，我又飘到左岸公园，看到附近居民一家大小一起在饭后散步。从远处隐隐约约传来"共同创建绿色家园！保护环境，人人有责。"咦，为什么突然有人会喊口号，噢，原来公园广场社区正在举行绿色家园的文娱活动。

这样的旅行使人难以忘怀，真希望这美好的家园永远定格……假如我是一片绿叶，会有责任去保护三水——绿色家园。让我们齐心协力，共同创建一个更加美好的绿色家园吧！

实验小学

班级：四年（5）班
指导老师：刘月勤

让我们走进国家森林城市

陈怡静

保护绿色，是一种传统美德。把绿色保护得神气十足，那呈现在眼前的就不仅仅是美丽了，而且还充满了一种深情奥义的美德风俗。对于这种说法，我的脑子里突然浮出一种想法——"自创美丽的国家森林城市"！

夜晚，我翻来覆去睡不着。折腾了半天，才得以进入梦乡了……

"咦！这是哪里啊？"只见自己站在一片辽阔的土地上，头顶上飞过成群结队的鸟儿，它们齐心协力地逃过老鹰残酷的击杀，身旁是花团锦簇、树木茂盛的画卷。我仔细打量着，原来这是新一代的梦幻国家森林城市。我不由自主地伸出手轻轻地触摸树木的外皮，一阵突如其来的、美妙的、丝绒般的质地蔓延开来。那无穷无尽的奇妙之处令我心旷神怡！走进深处，没有一丝灰尘，小花在雨滴的滋润下芬芳艳丽，好似在和谁媲美；小草在阳光的照耀下不屈向上，茁壮成长，草地铺成的葱茏的地毯比世界上最豪华的地毯还要可爱。不过，到底是谁把这里的一切照顾的这么美好呢？是清洁工人的精心照顾吗？不是，其实是那些可亲可敬的人们把大自然妆扮得焕然一新、傲然挺立。清澈的河水流过草地，开始了一天的旅程。你瞧那河水清澈得可以看见水底的小鱼在无忧无虑的嬉戏着。总之，这里的一切总是那么新鲜！我一直徘徊在那美丽的、梦幻的国家森林城市里。

突然，一道刺眼的光芒射入人心，我被惊醒了，原来是一场梦啊！这场梦使我怦然一震，让我领悟到了一个道理：想要使大自然美丽和谐，就要让人们从环保做起，要珍惜美好的世界。如果残酷地对待它，就会给世界大自然带来不幸。因此，我的想法是：一定要保护好森林资源，使失去的植被尽快恢复。破坏森林是不折不扣的自杀行为；要合理规划利用土地，同时，还要大量修筑水利工程。这样"数管齐下"，一定能让我们的家园变得更加光彩有力。让我们一起走进梦幻的国家森林城市吧！

畅想森林城

高咏瑜

　　和煦的春风轻轻地吹拂着依依杨柳，抚摸着草儿。天空是那样的湛蓝，鸟儿站在枝头放声高歌。我静静地聆听着，感受着这明媚的春光。这样的美好，属于三水这个森林之城。

　　春末夏初，那一轮太阳在空中，发出娇柔的光线，炎热的夏风中夹杂着果子的香味，让人觉得甜蜜又惬意……

　　我走到路旁，在小椅子上坐下，周围皆是绿树成荫，夏花在怒放，来往的车辆没有排放出灰色的尾气，而是排放出清新的草香。人们走在一条林荫道上，好不惬意！

　　高楼大厦的外层爬满了绿绿的爬山虎，楼顶摆放着太阳能电池板，栽满了五颜六色的花儿。工作久了，到楼上晒晒太阳，在花海中休息一下，也是个不错的选择。当然，这样的美好也在三水这个森林城。

　　我走上了电车。座椅是一片片叶子，花瓣儿；迎面吹来的不是空调的冷风，而是略带咸味的清新海风；牵引着列车的不是耗费能源的电线，而是一条条粗壮有力的长藤蔓。

　　在三水这个森林之城，人与大自然的一切融为一体。花儿与小鸟是孩子的好伙伴，他们一起微笑，一起欢歌；大树给人们做遮阳伞，人们给它浇灌甘露、施肥……

　　即便我回归现实，我对三水的畅想也没有结束。我们一起努力，就能让无数孩子对森林城的畅想与梦成为现实。

佛山市三水区实验小学

班级：六（1）班
指导老师：陈锦颜

城市之肺

宋雨珊

　　人从森林里走出来，但依然而且永远也离不开森林；人从树上下来，但依然留恋着树木，喜欢生活在它的周围。是的，人离不开氧气，因此无法离开花草树木，然而这些植物不是只会提供氧气的机器，它也是美化城市最重要、最不可或缺的装饰，能让我们的生活更加舒适和美丽，试想，谁会愿意一辈子都住在一座只有钢筋水泥的环境里呢？

　　远离莽莽丛林，来到城市中，一小片、一排排、一棵棵树木正以另外一种化整为零、错落有致的方式陪伴人们共同生活。在清新空气渐成为奢侈品的如今，如果没有这些绿色卫士，发挥出净化空气的巨大本领，许多城市空气指数和雾霾指数怕是会经常爆表。然而，如果你来到我所生活的这个城市里，留心观察，你会看到我们佛山三水不仅仅是一座工业城市，在街道和公园里，到处是绿树成荫，花团锦簇，一排排树木能够用遮天的深绿树冠挡住毒辣的烈日骄阳，时时刻刻为行人提供荫凉的休息处。这里以绿色为背景和底色，春有花红似火、质朴热烈的木棉；夏有清香袭人、粉姿绰约的荷花；秋、冬时节则有瓜垂累累的芒果树。还有白玉兰、紫荆花、杜鹃花纷纷绽放在街头，一年四季，百花齐放，争奇斗艳，在钢筋水泥构成的现代化城市中皴染出一幅幅绚烂夺目的自然美色。

　　天然的绿色，让我们不再与自然有所隔绝，在高楼环伺中不会感到窒息。

　　越来越多的徒步活动，使人们时刻都能充分领略这里的自然之美，鸟语花香、绿草茵茵、树木葱茏，使人能够全身心地放松，忘却工作的忙碌和压力。这难道不是创建森林城市的好处么？一些老旧的楼房，也被红澄澄的木棉花和嫩绿的枝叶树冠遮掩住，流出一种古朴的美。哪个游客不喜欢我们这座充满活力与生机勃勃的森林城镇？

　　森林公园等各种各样的旅游景点靠着纯天然的风景赢得了游客的青睐，大大小小的街心公园靠着晨曦的鸟鸣、花香和绿树美化了整个城镇，也让前来晨练的人们赏心悦目。森林城市不正是靠着一棵树、一座小公园、一片小树林创建起来的吗？让我们热爱她的每一根枝条，每一片叶子吧。

　　清晨与黄昏，微风习习，枝头摇曳，树影婆娑，这应该是一座城市的风姿。

　　我喜欢到各处旅游，每每看到有美丽的奇花异草、挺拔秀美的树木，都痴痴傻傻地想把它移植到我所在的城市里，恨不得让自己的城市拥有各种风情，集天下之美，建心中之城。

　　我曾在广州天河体育场一角见到一棵异木棉，又叫美人树，树干虽肥胖似孕妇，然而，满树的花犹如桃花盛放，甚至比桃花开得更热情更奔放，粉如云霞，煞是喜人，一群人在树下练习太极，颇有古典情调。心想如果我们的城市里能有这样的花树就好了，然而最近我欣喜地发现，我们这里的道路绿化带里也出现了刚刚移植的美人树，枝条被修剪的光秃秃的，我希望它们能像我心中期待的那样纵情绽放，用最绚丽的色彩来装点我们这座城市。

　　三水从一个灰扑扑的普通小镇，正慢慢成长为一个集现代化与绿色森林于一体的城市，这短短几年的脱胎换骨，不仅有高楼大厦的崛起，伴随的还有一抹又一抹的新绿。能蕴含多少绿色，代表了一个城市的价值和品位，而这个价值正在我们这里逐步体现。森林中的城市，城市中的森林，不仅是城市的呼吸之肺，也是精神之肺。

佛山市三水区实验小学

班级：六（1）班
指导老师：陈锦颜

佛山的四季之美

郭晓然

　　佛山，是一座绿色森林城市。这里四季如春，每个季节有每个季节不同的景色。

　　春天，来南海的"梦里水乡百花园"就再合适不过了。一进大门，望到的就是一片无边无际的花海。菊花、百合花、太阳花……各种各样的花应有尽有。我最喜欢的是百合花了。它的芬芳清香使我着迷，使我陶醉。一朵朵的百合花就像一个个南国的少女，引得许多小昆虫驻足观看，多么可爱啊！这给佛山带来了勃勃生机的气象。

　　夏天，三水的荷花世界最出名了。每年的六七月份，就是荷花开得最旺盛的时候。荷花有许多种颜色：紫色、粉色、黄色……紫色的睡莲似小家碧玉，而黄色的荷花则像大家闺秀，让人感到大气，姿势也很优雅。荷叶似乎是荷花的"护花使者"，保护着这个亭亭玉立的女子。这给佛山带来了一份清凉芬芳。

　　秋天，可以去禅城的岭南新天地走走。那里有一些古镇，道路由一条条的古巷子组成，还挺怀旧的。那里的饭店都十分有特色：有的是佛山的小吃，也有外国的特色菜，还有甜品……真是只有你想不到，没有你吃不到的。那里适合一家人聊聊天，喝喝茶，散散步，还可以买一些小玩意儿。这给佛山带来了一份悠闲。

　　冬天，特别是在冬末的时候，就应该来南海的南国桃园看看桃花。有粉桃花和白桃花。桃花像一串串糖葫芦似的，一个树枝上有近十枝桃花。我喜欢的白桃花，白得透亮，白得耀眼，像是被雪擦亮了似的。这给佛山带来了一份临近过年的喜庆。

　　看！这就是佛山的一年四季。是不是一座美丽的生态城呢？

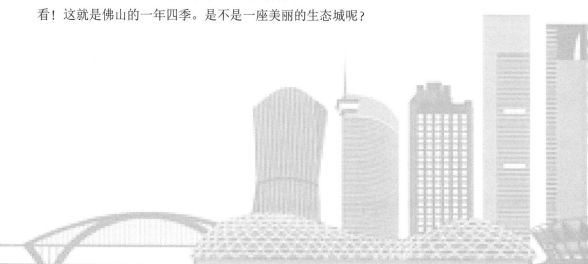

佛山市三水区实验小学

班级：六（2）班
指导老师：卢玉颜

变在身边，美在眼前

刘蕴

　　三水是我的家，我爱我的家。这里有山有水，有花有草，有吃有玩，是特别适合居住的小城市。最近这里变美了，而且美得很。让我告诉你们一件事，你就觉得真的美了。

　　今年春天的一个早上，我和爸爸约好到我家附近的右岸公园跑步。由于学习紧张，我很长时间没有去那里了。我们俩沿着西南涌右岸向着西南大桥的桥底方向跑去。跑着跑着，我来到金太阳酒店下面的一座小亭，我就不想再跑下去了。爸爸转身发现我止步，大声地问我为什么不往前跑。我说："前面好臭，涌里有很多恶心的垃圾和死鱼，我想往回走啦"。爸爸就说了四个字"今非昔比"，我带着疑问跑到爸爸跟前问个究竟。爸爸一边走，一边很专业地告诉我：西南涌是以前发大水时，起泄洪作用的。由于十多年来上游泄洪带入淤泥等原因，西南涌在枯水期出现淤积见底的现象，影响着整个城市的形象，也对市民的生活带来不便，后来政府下大决心对它进行整治。现在已经没有异味了，你看看前面还有几位伯伯在那钓鱼了。我们不知不觉地来到桥底，我靠近涌边看，证实了爸爸刚才说的话，情不自禁地深吸了一口气。这时，爸爸碰上一位同事，他们互相问个好之后，那位叔叔对着我们发出这样的感叹："我去过很多地方工作，来三水好几年了，这里空气好，绿化好，一年一个样，我在这落地扎根了"。我听了他的感言，心里非常有同感。

　　我们告别了那位叔叔后，继续沿着西南涌的右岸慢跑了一个来回。其实我早没有锻炼的心思，我的心已经被两岸的风景吸引住了。两岸的绿化非常有层次感，那些树排列得非常整齐，我一边跑，一边像阅兵似的。发现长得最高的就是木棉花，那些花开得多么红艳，红得像太阳，红得像火，表现出一种傲气。而在不远处，有几棵金灿灿的黄花风铃木格外引人夺目。花色纯黄，没有一点杂质，三五朵花聚成一簇簇花球，迎风摇摆，表现出一种英姿。红红绿绿，黄黄蓝蓝，互相斗艳。而一直表现得非常"矜持"的紫荆花，用它的淡雅来表现它的浪漫。这里的绿色已成为陪衬，簇拥着不同种类花的怒放。

　　时间过得真快，太阳已高升了，眼前这一幕恰恰正是白居易笔下的那句"日出江花红胜火，春来江水绿如蓝"。 我兴奋地向爸爸要了手机，把我眼前的这一切变成了永久的画面，毫不修饰地把美景放在朋友圈，分享给大家欣赏。

　　经过那件事后，让我真正体会到电视台经常播放了那句宣传语"三水是广佛绿芯"，绿芯就是我们城市的核心，我们要保护这颗心，爱我们身边一水一草，一花一木，才有"两岸林荫水如画"的景象。

　　你们说我的家美吗？

佛山市三水区实验小学

班级：五（5）

绿色三水，美好家园

何颂扬

　　说起三水，无人不竖起大拇指夸：三水是一座森林城市，"绿色三水，名不虚传"，无论是城市还是乡村，到处都是花红柳绿，青山绿水。

　　在三水，无论是市区的大道或通向乡镇的道路，两旁都有郁郁葱葱的树木，到处都有美景的好去处，到处的空气都那么清鲜。就说一下西南镇吧：左岸公园，文化公园，森林公园，滨江公园，荷花世界……哪里都绿树成荫，鱼戏水中，花儿灿烂，草儿青青，引得游人赞叹不绝啊！走在江边，树道，树下，都会看见一群活力满满的老人们在跳舞，到处是一幅幅美丽的画卷，到处是生机勃勃。

　　点赞一下森林公园吧，向北走是绿，向东走是绿，向西走还是绿，无论走到哪里处处翠色欲流。树木高大，花儿芬芳。来一个深呼吸，让你感受到与城市截然不同的身心。夸夸荷花世界吧，一年四季都焕出年轻与活力，绿，还是绿，各种树都挺拔，大榕树像一把把绿伞，为人们奉献爱。特别在夏天，那一池又一池一望无际的各色荷花开得正灿烂，那么洁净，那么恬人。还有那含苞待放的花骨朵，多像一个个小心脏。俗话说："红花还得绿叶扶。"绿绿的荷叶从水中冒出，墨绿墨绿的衬托着一朵朵的荷花。风儿吹来，荷花、荷叶、莲蓬互相碰撞，响起一片哗哗声，好像快乐的流水声。

　　"水韵绿地创森生活。"在三水到处是各开发商开拓的高大时尚楼盘，在生活区，随时可以欣赏绿树红花，观赏湖景山色，天天可在绿色的走廊中品味文化大餐，难怪三水是长寿之乡啦！

　　森林城市携手同创，绿树家园大家共享。作为三水人，我们坚信：实施新一轮的绿色行动，三水这美丽之城将愈发璀璨。大家会过上更美好的生活！

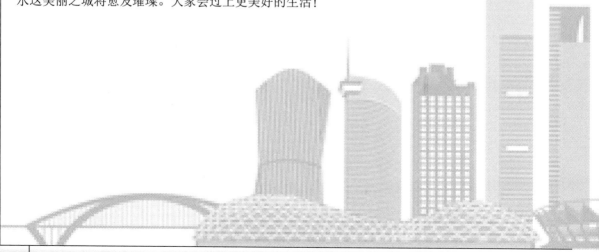

佛山市三水区实验小学

班级：六（1）班
指导老师：陈锦颜

美丽的城市，绿绿的佛山

陈忻翘

周末，我骑着绿色自行车，来游览佛山这座美丽的城市。

瞧，三水森林公园

我放下自行车，自个儿走在三水森林公园的羊肠小道之中。小道的两边，各色各样的鲜花正开得正盛。花的旁边，还种着一棵棵高大挺拔的松树。夏日炎炎时，走在这里，即可以感受绿绿的佛山，又可以给夏日增添一份清凉。

看，南山森林公园

骑着自行车，哼着小调，我来到了另一个花草茂盛，树木成荫的公园——南山森林公园。"采菊东篱下，悠然见南山。"虽然陶渊明写的并非是这个南山，但是置身于三水南山之中，可以体会到作者想表达的诗意。山上花草摇曳，无花果、野草莓特别诱人。还有许多不同种类的野生动物：山猪、蟒蛇、穿山甲……而格木、樟树、苏铁蕨、金毛狗蕨这些植物都能随处可见。

哈，西樵山森林公园

据说，西樵山森林公园是佛山最美的森林公园。我骑了好久自行车，才来到这。真的有那么美吗？呵呵，跟着我的脚步，一起来看看吧！春天，这里花儿芬芳清香，一棵棵参天大树挺立在山顶，芳草萋萋；夏天，虽然热得飘汗，但走在丛林深处，最合适不过了；秋天，从高处眺一片金黄金黄的，美极了；冬天，虽然寒风凛冽，但西樵山森林公园，依然这么美。蔚蓝的天空加上清澈见底的湖水所以说，这就是佛山最美的森林公园嘛！

给佛山增添一份美丽

在回家的路上，我看见花农们正在种花。阵阵幽香伴随着我，心情特别舒畅。我也路过别人的村子，村民们正在种树。我也是时候给佛山增添一份美丽了，我一定要告诉父母，少用汽车，多用自行车，为佛山增添一份美丽！

佛山市三水区实验小学

班级：四4班
指导老师：智成英

美在三江水韵

邓敏斐

　　三水，是一个历史悠久的城市。随着经济的迅速发展，到处高楼林立，来往的车辆川流不息，但并没有让三水变成"石屎森林"，而是涌现出更多的绿色主题公园，如凤凰公园、北江体育公园、森林公园……众多公园的出现，让三水成为一个三江汇流、森林环抱的绿色城市。在这么多的公园中，我最喜欢就是三江水韵公园了。

　　来到三江水韵公园，放眼望去，让人赏心悦目，心旷神怡。这里真不愧是绿化主题公园，到处鸟语花香，绿树成荫，还有平整的绿道。走在绿道上，你可以饱览一河两岸的美景。经过改造，西南涌的水变得洁净明亮。仔细看，你还会看见鱼儿在水里快活地游动，水面上泛起微小的涟漪，垂钓者坐在岸边惬意地等待鱼儿上钩。

　　在绿道上走了一段路，就来到了红头巾铜像展示区。红头巾那种勤劳的精神十分值得我们去学习。红色象征着吉祥，过去的三水的妇女喜欢用红色的布折成方形戴在头上。起初是为了方便认识同乡，几十年后，她们统一戴上红头巾，成为了一个标志着勤劳的物品。

　　沿着道路继续往前走，就会看进一个大花坛。周围全种满了葱郁的小树，它们就像是三江水韵公园的卫兵。花坛上，种满了紫色花，一大堆花围在一起，成了一片紫色花的海洋。大花坛的中间，雕刻着三江汇集图，它做得很精致美观。这个图雕刻出三条江弯曲地流动，也清晰地显示了三江汇流的地方，旁边还用石板雕刻出三江各自的名字和相关历史，使人更加清晰地了解三江。我想，这个三江汇流图应该就是这个公园名字的由来吧。

　　三水是北江、西江、绥江三江汇流之处，我觉得三水的韵就是在于水、在于人，我爱自己的家乡，我也为自己是一个三水人而感到骄傲。

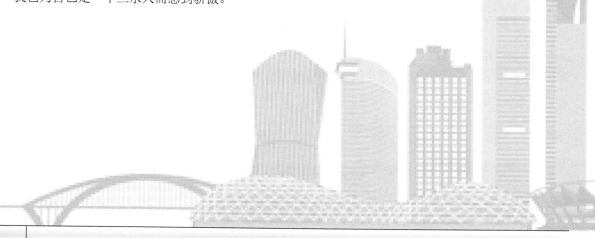

46

| 佛山市三水区实验小学
班级：六（6）班

三水森林公园

莫曦

在高楼林立、车水马龙的三水市区，坐落着一座群山连绵不断、树木郁郁葱葱、湖水碧波荡漾的三水森林公园。

三水森林公园地处云东海，建于1992年6月，占地3366亩，其中80%的面积被林荫覆盖，是三水的天然氧吧，三水的人民亲切地称之为"绿肺"，被评为"国家AAAA级旅游区"。

走进森林公园，首先闻到阵阵沁人心脾的花香，映入眼帘的是一碧苍翠欲滴的湖面。它在座座青山环抱下，如一盘翡翠，绿得晶莹剔透。湖边间隔种着柳树和榕树，微风轻拂，湖面波光粼粼；柔软的柳枝如轻盈的少女翩翩起舞；苍劲的榕树却一动不动，更像铁骨铮铮的男子，它伸展着婆娑的枝叶，守护着这一切，风雨无阻！

倘若你漫步在林荫小径，最具特色的阔叶林遮天蔽地，鲜草野花香味扑鼻，沁人心脾。若是炎热的盛夏，无论市区多么炎热，这里却是透心清凉。幽静的小径，清爽的微风，淡香的空气，让人不知不觉放下心中的烦恼，享受着森林公园给我们的宁静。

拾阶而上，小鸟清脆而欢快的歌声绝对不会让你感到寂寞，要是你运气不错，小松鼠会与你偶遇，蓬松的尾巴一摇一摆十分可爱，因突遇人类而惊呆的样子蠢萌蠢萌的。到了山顶，极目远眺，一边是层林叠翠、树林郁郁葱葱；一边是繁华热闹的三水市区，大楼鳞次栉比，街道车水马龙；三江汇于此环绕市区。这景色恐怕只有丹青大师才能勾画得如此精妙绝伦。

三水森林公园不但有美丽的自然风光，还有端庄雄伟的卧佛、书香四溢的孔圣园、趣味无穷的卡丁车赛场……

在喧闹繁华的都市中，有一座风景优美，绿树成荫，休闲娱乐于一体的森林公园，真是喧闹中的清净，浑浊空气中的清新，快节奏生活中的清闲。

佛山市三水区实验小学

班级：六（1）班
指导老师：智成英

树的自述

卢嘉诚

　　我是一棵参天大树，在世上已经生活了数十年。岁月在我身上刻下了印记，我生长的地方——三水也发生了巨大的变化。

　　刚来到这个世界的时候，我还是一棵小嫩苗，当时，我生活在一个叫做温室的小棚子里。每天，工人们帮我浇水、施肥，日复一日，年复一年，我渐渐地长高，叶子也由原来的小嫩叶变成了深绿色。有一天，我还在享受着豪华待遇时，忽然我被人连根拔起，被装上车运走了，路上十分颠簸，把我震得头昏眼花。过了很久，车停了，我被栽在了一个小城镇的平地里。来到新家园，我发现身边只有寥寥几棵枯黄的树，都是垂头丧气毫无精神的。于是，我问其中一棵树："这里发生了什么事吗？"它说："这里刚刚被伐木工人洗劫一空，你算幸运的啦！"我点了点头，望了望这片毫无色彩的小平地。

　　大约过了几十年，一群人乘着卡车来到这里，我惊奇地看见了许多绿油油的小树苗和一些已经步入青年期的树，它们陆续被栽种在我身边。又过了很久，我们繁衍了一代又一代。鸟儿在我们身上作窝，蝉在我们身上唱歌，小朋友在树荫底下玩耍。但是，有一天，大雨倾盆，它让小树折断了腰，让小鸟家破"鸟"亡，让蝉赶紧飞走，小朋友再也不来了。这里变得十分寂静。为了避免这类事情再次发生，热情的三水人民帮我们按上了支架，涂上了防虫药水，还在我们身边种上了小花小草，一切都是那么的美好。现在三水建起了高楼大厦，每天车水马龙，人山人海，我们的绿色身影变得越来越多，游客们都来三水游玩，三水真是一座水韵绿城啊！

　　"森林城市携手共创，绿色家园大家共享！"三水已经越来越美丽，越来越繁荣昌盛，我们的身影将越来越多。

佛山市三水区实验小学

班级：四（2）班

我是一朵蒲公英

黎晓昕

我是一朵蒲公英，
一朵到处流浪的蒲公英。
飞呀飞，
飘呀飘。
在哪里生根？
在哪里发芽开花？

风儿吹，带我飞。
我飞到一个寂静的森林，
那里有一棵棵绿油油的大树，
可爱的小草，美丽的小花。
可森林太寂寞没有人陪我玩。
带着梦想，我继续流浪，
寻找落地开花的方向。

风儿吹，带我飞。
我飞到一个繁华的城市，
来往的人群，热闹的街市，
可城市里的汽油味让我"感冒"，
带着无奈，我只好继续流浪。
寻找我内心深处的愿望。

风儿吹，带我飞。
我飞到森林城市——三水。
那里有森林公园、万达广场、荷花世界……
那里是三江汇流之地，
那里是荷花飘香、风景秀丽之城。
城在山中，城在水中，
城中有林，林中有城。
带着欢喜，我在这里安下了家，
终于找到了我心中的乐园。

这里真是一个好地方呀！
没有噪音，只有欢笑。
风哥哥，请你帮我捎个话，
叫伙伴们都来三水安家，
让我们一起嬉戏玩耍，
一起茁壮成长！

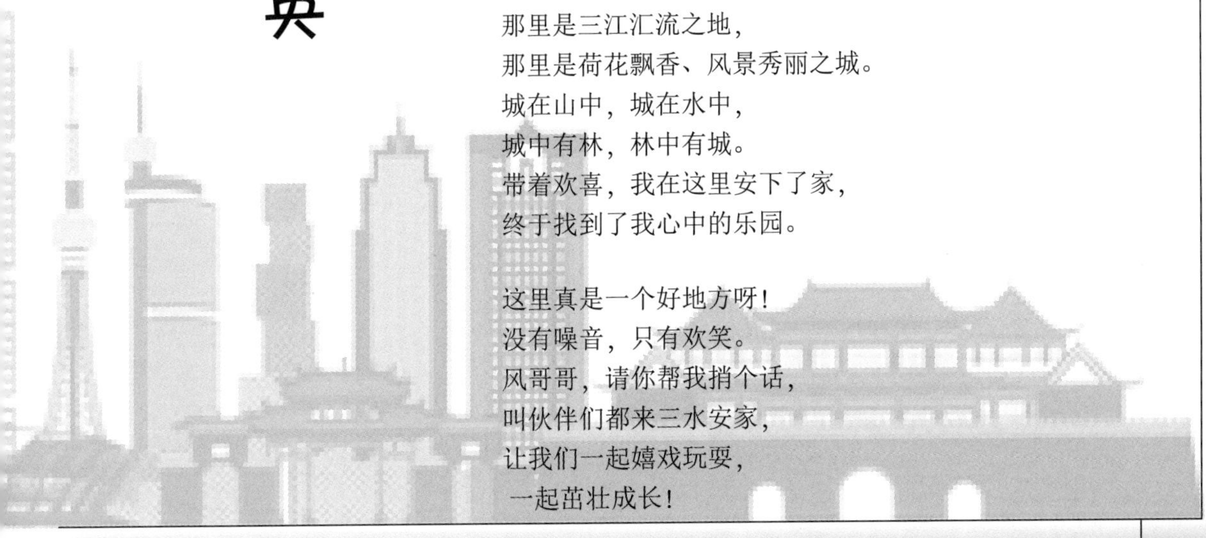

佛山市三水区实验小学

班级：四（5）班

共创森林城市，共享绿色家园

陆俊贤

清晨，小鸟清脆动听的歌声唤醒酣睡的我，推开窗户，我深深呼吸着清新的空气。放眼望去，三水被一片明艳的青翠围绕着。

走在西南涌的河堤上，河面风平浪静，碧波荡漾。渔夫撑着小船在河面荡舟捕鱼。鱼儿在清澈见底的河水中追逐嬉戏。回想以前，许多人随手把垃圾扔到河涌里，工厂的污水排放到河涌里，河涌变得臭气熏天，没有人愿意靠近。政府部门大力改造西南涌两岸，呼吁人们爱护环境，保护水资源。政府还举办了盛大的龙舟竞赛。组织三水人用脚步丈量城市之美。如今，河涌两旁成了最受三水人民欢迎的悠闲好地方。

河涌旁的公园的参天大树，高大挺拔，枝繁叶茂。树上有活泼可爱的鸟儿，叽叽喳喳地欢叫，捉迷藏呢！生机勃勃的春天，木棉花开了，几树半天红似染，满树红艳艳的，像燃烧的火焰。花开连埋枝的洋紫荆花一朵压着一朵，还长出了小巧玲珑的豆荚。骄阳似火的夏天，叶如飞凰之羽，花如丹凤之冠的凤凰树开满了美丽的红花，风一吹，娇艳的花瓣飘落下来，铺成火红的"地毯"，美不胜收。和煦的阳光，透过密密层层的树叶洒落下来，成了点点金色的光斑。蝉"知了，知了，知了"地歌唱。丹桂飘香的秋天，桂花散发馥郁芬芳，沁人心脾。寒风刺骨的冬天，高大挺立的大树依然是那样青翠欲滴，给予我们希望和力量。小朋友们在河涌旁跑步健身、骑自行车、追逐嬉戏，欢呼雀跃！谈笑声、欢闹声、呼朋引伴声，奏响了最动听的协奏曲。早起的人们在晨曦中练太极；在皎洁的月光中跳广场舞，享受幸福美好的生活。

三水用绿色温暖着我们的心，让我们共同努力，用爱心播种绿色的希望，用双手创建绿色的美丽家园，用行动谱写绿色的生命之歌，共同创造一个属于三水人的水韵绿城！

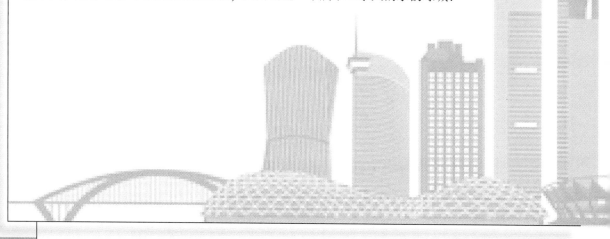

佛山市三水西南中心小学

班级：六（1）班
指导老师：何令娴

2027年森林城市之区长的一天

方昱晴

2027年，我22岁了，由于读书期间成立了"绿巨人"保护环境协会和经常发表一些环保方面的论文大作，我被推荐成为了家乡三水的一名女区长。现在，我的家乡三水已经蜕变成了一个森林创智城市了。

作为一个森林城市的区长，我的职责就是让"休闲绿色的森林"和"高速运转的城市"完美地融合在一起，让生活在这个森林城市中的每位市民身心健康，安居乐业。

晨曦初现，我吃过早餐，认真地佩戴上区长勋章，与我的秘书长一起坐上太阳能巡城磁力车"森林1号"，开始巡视我所管理的森林城市。

沿途，混合动力机器人在清洁城市的每条街道、每个角落，智能程序设计的机器人还会自动选播配合环境场地的音乐，让晨光中的森林城市充满了活力和希望。通过电磁车的智能屏幕，我们了解到了森林城市今天的天气、绿化数据、野生动物的情况、水土情况、水质情况、噪音指数等，"实时空气指数：优，天气晴朗，有微风，有小鸟。水面清澈，有小鱼……"我对秘书长笑笑："现在的空气是越来越好了！"秘书长回答说："对啊，森林城市的好处真的数不完，大面积绿化的光合作用减低了二氧化碳的含量，过滤了空气，现在，青山绿水，蓝天白云，天气也很好，很舒服！市民的身心健康都更有保障了。"这时，各个花卉特色公园的市民运动情况也投射进了大屏幕，看到森林城市的市民都这么热爱有氧运动，我心里好像喝了蜜糖一般。磁力车"森林1号"到了"千春站"后进行了中转，我和秘书长登上了"森林2号"直升机，继续空中巡城。飞机慢慢上升，我们俯瞰着整个森林城市，现在，全部高楼大厦的顶层都覆盖了绿化，每个顶层都是赏心悦目高空花园，高空花园的自动定时智能喷水装置，还会及时处理扬在高空中的灰尘……

完成了巡城，我回到了办公室处理公务，办公网会自动按照公务的紧缓进行智能排序，环境保护的公务会放在优先处理的一栏显示在办公屏幕上。"2027年5月，木棉村，某市民捕吃了两只穿山甲，特向森林区长汇报。"我想了想，马上致电检察院，要求他们对捕猎野生动物的市民进行立案处理，原因是他违反了森林公民约定。另外，今天我还在会议中提出成立"森林城市日"，这天市民们可以放假一天，在家里搞好自己居室的绿化，整理阳台、庭院、花园，还要自行到附近的街心绿毯公园里新种一棵树苗。我的提议马上全票通过并实施了……

忙碌的一天结束了，我回到家，看着这森林城市的夜幕，心想：我要做个勤劳睿智的好区长，让"森林"和"城市"更加融合，让三水更加美好！

佛山市三水西南中心小学

班级：六（7）班
指导老师：唐建梅

我爱佛山绿

何凝

佛山是绿色的。浅绿的草、青绿的竹、翠绿的芽……依依绿色，无处不在。

公园

我平时不大喜欢出门，但我要是一出门，就有百分之八十的可能性是去西南公园。

西南公园是一个绿色的公园。

走进西南公园，扑面而来的凉爽气息，让人感觉进入了另一个世界。这个世界一片生机。小路两旁，一排排深浅不一的绿色灌木丛错落有致地排列成一个个有趣的图案。阳光倾洒在树叶上，透过枝叶间的缝隙落下星星点点细碎的光影。绿油油的草地上，几个小朋友欢笑着，嬉戏着；几个大人坐在长椅上看报，还有两个少年躺在温暖的阳光下，互相诉说着青春的烦恼……好一个绿色的所在！

街道

人来人往的街道上，也充满着绿。

车辆在宽阔的马路上飞奔，路旁的大树微笑着向它们招手；人们在人行道上来往，青青的小草善意地注视着他们。

烈日当空，路边的树木挡住阳光的炙烤，为树下经过的行人带来阴凉，驱除热浪；暴雨将至，大树们站得笔直，为人们抵挡风雨的侵袭。不管是烈日还是暴雨，它们都一如既往地挺立在街道旁，闪烁着生命的绿色光辉。

远远望去，这一排高大的树木挺直了腰杆，多像一队卫士，守护着宽宽的街道。

社区

社区是人们居住的地方，怎能缺少一份生机？

清晨，朝阳洒下照亮万物的光芒，唤醒仍沉睡在黑夜里的一切。露珠在草叶上缓缓滑过，晶莹中透出几丝浅浅的绿。

　　屋里响起母亲唤醒孩子的声音，人们骑上自行车往学校、公司赶去。一阵忙碌后，便重归于宁静，只有树木还在阳光下沙沙作响。

　　午后，树影摇曳，树下石桌旁的几位老人，边享受着绿树带来的阴凉，边聊着天；几个学生，坐在树下温习着功课，偶尔念出几句课文。

　　晚上，家家户户的窗口飘出一阵阵饭菜香，锅碗瓢盆的撞击声，以及一家人围坐在桌前吃晚饭时的说笑声，都显得那般温馨，那般和谐。窗外的大树和小草，似乎也感到温暖，正随风摇晃着身子跳舞呢！

　　夜深了，每家每户窗纱里透出的灯光开始熄灭。明天，又将是新的开始。树和草也静静地闭上眼睛，轻轻地踏入梦境。

　　公园里，一派盎然的生机，小路上阳光留下的点点光影，是它来过这里的标志；街道上的车辆来了又去，去了又来，唯有路旁那卫兵一般的大树永恒不变；社区里人们温馨美好的生活，是国家强盛的象征。而这一切，怎能少了绿的衬托、绿的陪伴？

　　家乡处处，绿意盈盈！我爱你，可爱的佛山绿！

佛山市三水区西南街道中心小学

班级：六（4）班
指导老师：李锦仪

绿色三水——我的家

吴博文

三水人民政府为了积极响应佛山市"创建森林城市"的号召，投入巨资建绿街、建绿道、建公园，市民们也在为三水的绿色献出自己的一份力量。曾经的三水如今已改头换面，有了一副全新的绿色面孔。

航拍三水——三江汇流之处，村居依林而建，作物依水而生，好一个鱼米之乡！三水云集了最美丽的景色，我爱听南丹山高山流水的旋律！我爱看西江日落长河的画卷！我爱呼吸那带淡淡荷香的乡味！三水这座绿色森林城市令我无比自豪。

第一站：大街上

一颗颗笔直粗壮的大榕树，好似一个个强壮的绿色大兵伫立在大街上。郁郁葱葱的叶子张开延伸，如同一把撑开的绿色大伞，为行人遮天蔽日。春日里刚吐出的嫩芽，宣示着生命的苏醒。三水广场街道，恒福广场街道就是其中的代表，在喧嚣的商业氛围下，绿色在明媚的天空下显得十分抢眼。

第二站：道路旁

路两旁的树木、绿化带也青翠欲滴。小叶子的娟秀，大叶子的张扬，再配上零星的小花为点缀，道路也变成景区。广海大道、健力宝南路、健力宝北路、南丰大道、三水二桥就是其中的代表，就像一条条绿色的长龙，蜿蜒在三水广袤的大地上，让行车其上的司机在川流不息的车流中，感受生机勃勃的绿色。

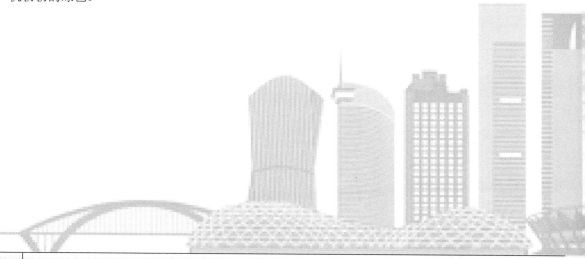

第三站：公园里

　　三水最绿的地方就数森林公园了。那里绿树成荫，鲜花盛开，鸟语花香……那里春天有桂花树，夏天有栀子花，秋天有菊花，冬天有腊梅，还有许多四季常青的松树和灌木丛，到处是花草的天堂。从南门进来有一个大湖，湖边的柳树柳枝摆动。柳枝上已经鼓出了鹅黄色的嫩芽，一个个就像雏鸡的小嘴。在山上，茂密的树叶洒下一片绿荫。明媚的阳光照射下来，从枝丫的缝隙中漏出来，给人以美的享受。向外扩张的枝丫是生命的脉络，嫩绿的叶子是生命的延伸，以浅蓝天空、白云朵朵为背景，这样一幅比名画还要美的画面，让每一位邂逅的人的心中都泛起一片涟漪，心动不已。生活不是缺少美，而是缺少发现美的眼睛。边走边看，抬头便有惊喜，还有清新的空气，吸一口心旷神怡，令人不由自主地赞叹："三水的绿色，真美。"

　　除了森林公园，还有如诗如画的西南公园，平静如镜地云东海湖，沿江建设的北江体育休闲公园，沿涌建设的左岸、右岸公园及水韵公园，北江新区的意大利风情的凤凰公园，饮料之都代表的文塔公园……当您走进其中，会发现跟森林公园的不一样特点，但是代表生命之绿的感觉殊途同归，同样美好。

　　三水正逐渐变成绿树成荫的文化名城、水绿掩映的品质之都、鲜花盛开的花园城市，到那时候，我们会在真正的绿色森林城市里看最绿的树，赏最美的花；在最纯净的天空之下，呼吸最新鲜的空气……等到三水被评为佛山绿色森林城市的那一天，我一定要为我的家乡——三水庆祝一番！

佛山市三水区西南街道中心小学

班级：四（1）班

魅力绿洲 蝶恋淼城

李佳桐

我幻想我是一只幸福的小蝴蝶，非常幸运地生活在这颗被青山绿水环绕的明珠里。三水，是我可爱的家园，每天我都能体会到那份绿的美，倾听到绿色生命之花绽放的声音，徜徉其间，流连忘返。

蝶弄公园

清晨，阳光明媚，袅袅花香唤醒了我。我迫不及待地呼朋引伴，欢快地飞奔向有"大氧吧"之称的森林公园。刚入门口，映入眼帘的是满山遍野的松树，卫兵似的笔直地挺立着，郁郁葱葱，墨绿发亮，仿佛来到了一个绿的海洋。在蜿蜒盘旋的林荫小道上漫游，两旁的那些参天大树着实让人兴奋，我们情不自禁地翩翩起舞。微风吹拂，松涛翻滚，仿佛在歌唱着英雄赞歌。它们散发着松脂的芳香，宛如一股股甜蜜的清流，直沁心肺，让人神清气爽！

穿过树林，走进公园的宣言广场，放眼望去，到处翻滚着绿色的浪涛：草是绿的，山是绿的，树是绿的，水是绿的，到处都是蓬勃顽强的生命在成长。小孩在草地上开心地嬉戏着；青年们正迈着矫健的步伐晨跑着；老人们聚精会神地打着太极，随心所欲……迎面拂来的微风夹杂青草和泥土的气息，沁人心脾。我们在人群中穿行，和小朋友追逐玩耍。来到公园中央的鸳鸯湖，湖面倒映着岸边的绿树，微波粼粼，湖岸边山花烂漫。在这里，自然与文明更加和谐地结合在一起了。如此原生态的和谐绿色，怎不令人迷醉？

蝶舞九道

享受完了森林公园里的美景，我随着伙伴们又马不停蹄地奔向九道谷去感受清凉的中午。一进山，放眼望去，青山环抱，碧树成峰，峰峦叠翠，小溪蜿蜒，一股凉丝丝的风便迎面扑来，一下子把夏天的炎热驱除得无影无踪，让人心旷神怡。沿着幽谷翠溪，在弯弯曲曲的山涧上飞翔，只见溪水清澈见底，犹如明镜。溪水"哗哗"地流着，仿佛在唱着欢快的歌曲。沾一下溅起的水花，全身马上感受到的是一种沁人心脾的凉爽。

这茂密的森林里，珍藏着许许多多的"奇珍异宝"呢！其中有一种罕见的植物，花五瓣，白色的花形酷似雀鸟，吊挂成串有如禾雀飞舞。那是名贵的观赏藤本植物——禾雀花！走近藤蔓，只见苍劲的枝条上无叶无芽，却接长着一串串酷似小鸟的花朵铺天盖地，双双对对排列垂挂于树上，吊在藤下，绵延不断，在花影环簇中，绰约风致，娇憨柔媚。它们栖息于林中浓荫下，像是要挣脱青藤的羁绊，振动羽翅，与我共同飞翔于蓝天，多么的有趣！绿色散发的馨香以如此神奇美妙，别样的姿态展示在你我身边，让我感受到自然的魅力，怎不令人陶醉呢？

蝶戏北江

傍晚，我们优哉游哉地从幽深的九道谷飞到怡人的北江大堤，饱览风光。举目四望，只见安稳流淌的江水，忙碌收获的渔民，绿草青青的堤围，悠然自得的牛群，多惬意的一幅"渔舟唱晚，牛群悠悠"的写意画；驻足江边，一望空阔，无限风光尽收眼底：啊，北江多么的迤逦动人，是这么长，这么绿，像一条无比宽大的玉带。一艘艘运货的大船缓缓地驶过江面，一条条捕鱼的小艇灵活地划过水面，一只只载客的轮渡忙碌地在河两岸穿梭。一朵朵白色的水花在船前船后跳上跳下，就像一个个调皮的孩子在玩游戏。许多水鸟从江上掠过，有些鸟儿还立在牛角上，泰然自若；有的俯在牛背上，伴着它吃草的动作起伏跳动。两个背着书包的女孩子漫步在大堤上，情不自禁地吟诵着"水畔暮山衔夕阳，归舟返棹沐霞光，渔歌阵阵相呼应，声响调高传远方"的诗句……北江大堤由于景色宜人，也成了风光旖旎的绿道——或徒步而游，或踏车而行，别有一番情趣。三水的人们就是这样与自然诗意的共栖居，用绿色的生命同天籁之音娓娓道出长寿的奥秘，我又怎舍得离开呢？

三水，是我美丽的家园。我愿用我的生命激活其他的生命，用爱心去播种绿色，用心去谱写生命之歌，让我的子子孙孙永远都生活在这充满绿意的魅力淼城。

佛山市三水区西南街道中心小学

班级：四（10）班

绿色三水，我的家

卢璐

　　说起三水，我第一时间想到的是"山清水秀"这个词。是的，我的家乡佛山市三水区是个"城在林中，林在城中"的美丽城市。其山之秀，水之清，湖之美，都令人非常向往。

　　要说山之秀，不得不提三水森林公园。那里的山不算雄伟，也不算高，但是却十分秀丽。春天，温暖的春光洒在森林公园里，绿油油的小草已经布满了山坡，像一张毛茸茸、嫩绿的地毯，五颜六色的花儿散落在这绿色的世界里，红的似火，白的如雪，粉的像霞，招来了成千上万只蜜蜂、蝴蝶，在花丛中翩翩起舞。大树也长出了绿色的叶子，给整座山换上了绿衣裳，远远望去，就像一块绿色的宝石。林间的小鸟在枝头欢快地唱着歌谣，似乎在歌颂这美丽的地方。天空已经被茂密的大树遮住了，只能看到从树缝里投射出来的零零星星的日影，真是美极了。

　　要说水之清，我们这里可是三江汇流呀！我家就在北江边上，北江的水最美了！站在岸边，映入眼帘的是宽阔的江面，迎面吹来的江风使人感到非常凉爽，大浪拍打着岸边的石头，一只只小船停靠在岸边，一艘艘轮船缓缓地行驶在江面上，"呜……呜……"的在岸上不断地回荡。走到岸边的小沙滩，眺望那茫茫的江面，江上有不少小岛，上面种植着许多树，绿油油的一片，真像一块翡翠镶嵌在北江上。到了夜晚，城市的灯火亮了，灯光映在江面上，随波浪晃动着，与映在江面上那明亮的星星和皎洁的月亮相互辉耀，真像一串又一串美丽的珍珠啊，极其好看！

　　要说湖之美，云东海湖更是有着三水"西湖"的美誉。云东海湖的湖水清澈见底，能见到沉在水里的石头，湖面倒映着蓝天和白云。小船划过，湖面荡起了一圈又一圈的水波纹，在阳光的照耀下，波光粼粼。河边的一排排小树早已把湖水给染绿了，清风吹过，小树摇动着，发出"沙沙"的声音，似乎在赞美着云东海湖呢！岸边的绿道上，有的人在垂钓，有的人在散步，有的人在跑步……，多么宁静安逸呀！

　　绿色三水，我的家！你有翡翠般的森林公园，有宛如少女一般美丽的云东海湖，还有令人向往的北江河……我们的家园是这么的山清水秀，就让我们一起努力保护环境，一起创建国家森林城市吧！

佛山市三水区西南街道中心小学

班级：四（6）班
指导老师：潘自玲

我心中的水韵绿城——淼城

何镕儒

  我的家乡三水——淼城是一座因水而生、因树而荣，被绿色覆盖的森林智慧城市，她是中国岭南的一块碧绿翡翠。

  每当我站在这水韵森林城市中央时，总有一种心旷神怡的感觉，这种感觉，就像站在大兴安岭的中央，感受着树木和花草在我身边翩翩起舞，感受着溪水和雨露在我身边欢快歌唱。一阵阵微风扑面而来，让我呼出的二氧化碳瞬间变成了氧气。这种感觉，就像住在电视广告里宣传的新加坡旁的碧桂园森林城市。走遍商业大街小巷，见不到一点白色污染，走近中西式餐厅闻不到一丝丝浓重油烟味。走进住宅小区，五颜六色的花卉铺满地面，绿色植物爬满建筑，一片片绿色映入眼帘。高大的棕榈树一排一排地坐落在小区道路两旁和屹立在高楼顶层中央，眼前这一景，即花朵和树木的组合，就像绿色的隧道。进入垃圾回收站，一股清新的气味迎面扑来，映入眼帘的是整齐堆放在那里的一堆堆五颜六色的肥料，有序停放在那里的一辆辆装满肥料的大卡车，它们将一批批的运往城市郊外那些需要它们的绿场。

  这就是三水——淼城，整座城市立体分层，车辆在江边穿行，地面都是公园，建筑外墙长满垂直分布的植物，就像生活在森林里，空中是无污染的城市轨道交通。每一天，人们都生活在花园里，呼吸在森林中，奔跑在江岸边，愉悦在自然界。

  水韵森林城市不是设想，只要我们坚持低碳生活，只要我们将水的包容、森林的灵气融为淼城发展的灵魂和精髓，我们就可以将淼城建设成为水特色鲜明、森林魅力彰显的岭南水韵森林胜地。

佛山市白坭中心小学

班级：六（6）班
指导老师：李少兴

森林之城——三水

邓艳姗

　　有一座城市，它的每一个地方都有绿阴如盖的大树，永不凋零的鲜花，葱葱茏茏的小草，悦耳动听的鸟叫声，宛如一片森林。这个地方就是森林之城——佛山三水。

　　在佛山市里，有一个叫"荷花世界"的地方，夏天时拥有数不尽出淤泥而不染的荷花和高大的绿树、清脆的鸟鸣声。还记得那年夏天，我和爸爸妈妈一起乘坐公交车，一路欣赏着绿树成荫、鲜花盛开的美景，来到三水"荷花世界"游玩，这还是我第一次来。刚进去，人们马上就被远处满塘带有淡淡清香的荷花吸引住。荷花则赶紧用自己最优美的姿态来吸引人们拍照。我也不甘落后，急忙拿出相机给在微风中轻轻摇曳的花儿拍照。这时我看到了池塘里还有刚长出来的花苞，那花苞的颜色粉嫩得像一位少女的脸颊。它们虽然还没能开放，但却乖乖地依靠在别的荷花身边，让自己成为衬托。在烈日的笼罩下，绿荫如盖的大树也在努力地当人们的"遮阳伞"，让人们能在清凉的环境下欣赏池塘中的荷花。而荷花照样竞相开放着。看着看着，仿佛感觉自己也是一朵荷花，迎着轻轻的微风摇曳着。

　　走累了，坐在大树下休息。听着树上的鸟叫声，看着在荷花上翩翩飞舞的蝴蝶，不禁让我想起了"留连戏蝶时时舞，自在娇莺恰恰啼"这句诗。傍晚的时候，荷花在红日的映托下更是漂亮了，都可以与西施有得一比了。真是"接天莲叶无穷碧，映日荷花别样红"啊！我们收拾好愉快的心情，踏上回家的旅途，我心中赞道：这真不愧是森林之城独特的美景啊！

　　经过这一次美不胜收的旅途，我真正地感受到了森林之城的独特魅力！

佛山市白坭中心小学

班级：六（1）班
指导老师：李燕青

灵动的绿
曾瑞琪

绿是什么？绿，它不单单只是一种颜色，它是大自然的绿，它是大自然生命的代表。在我们佛山市三水区里，就有这样一个绿意盎然的地方——西江公园。

西江公园坐落在白坭镇西江江畔的一个小村庄里。那一次，我和父亲一起骑自行车去西江公园。行驶在公园的绿道上，只见道路两旁遍布着绿茵茵的小草。它们正在挺立着身子，沐浴着太阳先生给它们的礼物——阳光。几朵红色、橙色的小花夹在它们的中间，点缀着绿，让草地不再单调。

再往里走，看见人们悠闲地在散步。树木们也静静地站在公园的土地，伸展着自己嫩绿的枝叶，仿佛在比美一样。太阳先生将阳光洒在它们的叶子上，顿时变得闪亮起来，变成了一种新的色调，甚是好看。

过了一条小路后，我们便来到了西江公园最美丽的一个地方——小湖。阳光静静地洒在小湖那墨绿色的皮肤上。阳光的金与墨绿色迅速晕染开来，就如同画家在作画时往画纸上洒下的墨绿。小鱼儿们借着游弋的水草，在湖里玩起了捉迷藏。一阵微风拂过湖面，湖面马上泛起了一阵阵涟漪。湖底的水草也轻轻跟着摇摆起来，真像一幅灵动的画呀！

西江公园的绿，是灵动的绿。我们应该一起行动起来，共同为我们的家园增添一份蕴含着生命的绿！

三水区西南街道北江小学

班级：六（1）班
指导老师：古飞霞

小树的笑声

邓婷蔚

  烟花三月，正是植树的好时节。我和爸爸妈妈一起参加了"让三水的天空更蓝"的植树活动。
  那个周末的早上，春光明媚，我们兴致勃勃地穿过森林公园的翠绿，来到了植树的地方——文明林。只见这已聚集了许多的小孩和家长，以及来自不同单位的叔叔阿姨。
  简单而隆重的揭幕仪式之后，我们随着熙熙攘攘的人群走进一块宽阔的空地——文明林。只见一棵棵的小树苗早已整整齐齐地排列着，仿佛是焦急等候家长领走的小孩一样。"爸爸，妈妈，我们就种这棵好吗？"我指着一棵比我高一点，却略显纤弱的小树喊。"好呀！"他们异口同声地答应。"种树得先挖好树坑。"爸爸一边说一边拿起铁锹挖起土来，随着一铲一铲的土被挖起来，一个小土坑就逐渐出现在我们眼前。"太好了！这就是小树苗的家，我们快把小树送回家吧。"我不禁欢呼起来。妈妈连忙把小树放进小土坑里，扶着小树对我说："孩子，该你来培土了。""遵命！"我一手拿过爸爸的铁锹，把树坑旁的泥土又一铲一铲地倒进树坑里，直到把树坑填满，小树就像一个神气的小士兵挺立着。接着我们在大会发的心愿卡上写上了我们的名字和对小树的祝福，然后挂在小树的树枝上。
  这时，我发现小树的周围像变魔术一样突然出现了一棵棵的小树苗，那一张张心形的卡片在树枝上随风摇曳。
  "来，我们和小树合个影吧。"爸爸拿出手机说。"好提议！"妈妈说着依着小树站了个漂亮的姿势，我连忙在小树的另一旁站好，做了个胜利的手势。"咔嚓"一声，把这个美好的时刻定格了在照片上。
  春风中，阳光下，一棵棵小树挺立在文明林里。微风拂过，小叶子兴奋地颤动起来，我听见了，那轻轻的"沙沙"声，是小树最幸福的笑声。今天，我们种下了一棵棵小树，明天，将还我们一片苍翠的森林。

佛山市实验小学

班级：三（6）班

最快乐的一天 *

陈冠延

我欣赏：薄薄的荷叶，绿绿的，上面还睡着晶莹的露珠宝宝，多惬意。

我欣赏：湖面上的波纹，好像是调皮的风儿在水上踩出来的，多动人。

我欣赏：绿色的蜻蜓和黄色的蜻蜓在天空中玩耍，多和谐。

下雨了，雨水像银针一样掉进了湖里，整个湖子银光闪闪，多灵动。

雨停了，太阳用他强烈的光芒把大地晒干了，让我们能走在硬梆梆的路上。

这几幅美丽的画图,永远会在我大脑转来转去,我将铭记于心,因为这是我人生中最快乐的一天！

★此篇为散文诗

佛山市第四小学

班级：六（6）班

美的传播

许颖

蜜蜂，是爱的驿差
把这一朵花的爱
传播给另一朵花

蜜蜂，是甜蜜的使者
把一份甘露的美味
传播给另一个甘香的时空

风儿，是幸福的宠儿
把一份诗意的和谐
传播给另一个诗情的世界

传播水韵
这里的山山水水跳动绿的音符
传播绿色
这里的点点滴滴创建绿色新城

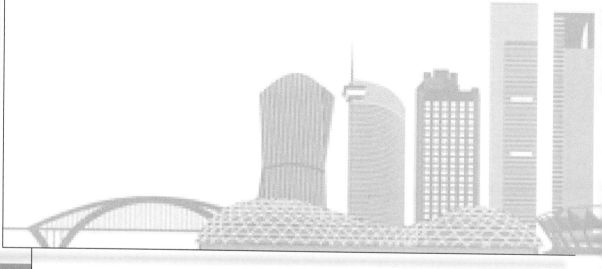

佛山市北外附小

班级：四（2）班

三水的云

杨浩铭

云娃娃是个任性的孩子
一看到太阳公公
小脸蛋呀，刷的一声红了
不见了太阳公公
小脸蛋呀，哇地一声黑了
每天，三水的云
总是那么容易变脸，又是那么忙碌

佛山市西南第十一小学

班级：六（1）班

荷花世界的仙子

何倩微

在夏天的清晨里
那一个个
美丽的仙子
挺立在荷叶上

仙子们的衣裳，很漂亮
有紫色的粉色的，还有黄色的
把仙子们打扮得
楚楚动人

我悄悄地靠近她们
想与她们一起游戏
却不敢发出任何声音
生怕把她们惊飞

就在我靠近她们的那一瞬间
噢，我发现
原来她们不是美丽的仙女
而是一朵朵，绚丽的荷花

就是这些高洁的荷花
将三水，这美丽的地方
点缀得多姿多彩
点缀得魅力四射

校园里的鸡蛋花树

何倩微

在我们美丽、宽广的校园里,有一个漂亮的植物园,园里有一棵一棵开满花的鸡蛋花树。

它的新叶那么嫩绿,就像一片闪亮的钻石叶;它的老叶那么碧绿,就像一片碧绿的翡翠叶。树干那么结实,花儿那么芳香,仿佛蒙住鼻子也能闻到那个香味。

鸡蛋花树的花香极了!浓浓的芳香钻进鼻子里,让人感觉神清气爽。香味不仅钻进了鼻子里,还钻进了教室里,同学们闻了,就打起精神来,原来寂静的课室变得活跃起来;香味还飘到了操场上,跑累了的同学们闻了,就会打起精神来……现在,只要那香味飘到哪儿,哪儿就会有一片欢乐声。

春哥哥开始工作了,一进校门,你就会发现有一大棵大树穿着翡翠绿的衣裳。我很疑惑,是谁在那光秃秃的树干上放了一块无瑕的翡翠,苍翠欲滴?又是谁在这块翡翠上,用画笔描绘了好似星星那么多的嫩芽?其实是爱美的鸡蛋花树用了一年的时间为自己准备了崭新的礼服。

春哥哥下班了,夏叔叔来接班。我们再一次走进校门,看见一棵一棵鸡蛋花树仿佛是一位位士兵。

夏叔叔下班了,秋姐姐来接班。我们又一次走进校门,看见鸡蛋花树上的叶子已经枯黄了,偶尔吹来一阵风,树叶就纷纷飘落下来,好像蝴蝶在空中飞舞。

秋姐姐也下班了,冬将军吹起了号角。我们又一次走进校门,看见鸡蛋花树变成了"光头强"了。而此时,我们却在欣赏鸡蛋花树韬光养晦的那份坚强!

转眼间,数年过去了,鸡蛋花树渐渐长高了,它能为我们遮太阳,任我们在树下玩耍,甚至还往我们身上洒香水呢!我希望大家都能一起来保护这些美丽的鸡蛋花树。

佛山市西南第四小学

班级：六(6)班

保护自然

陈梓欣

自然是多么神奇的境界，我能感受到悄悄萌生的生命发出盼望世界的讯息。但如果被人类掌握的大自然受到人类无知的折磨，他们就会发出挣扎。

保护自然，告别污染生活。

从前总听父母回忆碧波绿水、鸟语花香的景象，但这种美景在现在却是少之极少。放眼望去是被废气污染包围的朦胧的山和浑浊的水。这可不是一件小事。曾经日本发生了一场可怕又奇怪的流行病，感染者像疯了似的跳海自杀，还有的则说话含糊不清，最后狂叫而死。后来科学家发现，原来感染者的病因是泵中毒，吃了含泵较高的水产，得上了可怕的水俣病。

其实这些只是片面的影响，要是人们再不进行措施和改变——未来，对我们的危害会越来越严重，对自然的威胁也会日益加渐。如果你认为，这种病毒离我们那么"遥远"，不可能会出现在我们身边，那就大错特错了！要是你想这种防范只是科学家、清洁工该管辖的，那也大错特错了！其实微小的我们也需要行动起来，用自己小小的力量保护着自然。

保护自然，拥抱舒心生活。

在你被生活欺骗、烦心焦躁的时候，你可以到森林去看看那木茂鸟集的景象，你尽可随意漫步在落叶铺路上，你能完全将自我投入到其魅力之中。或许这样会令你倍感舒畅。但是这需要我们强烈的责任心和热爱。

你听！那萌生的生命发出的讯息，多么清脆可爱的声音。保护它们吧！用我们富有爱心的双手，用我们智慧的大脑，尽全力保护自然吧！

佛山市西南第十小学

班级：六（2）班

森林四季

邓卓妍

春天

轻轻的微风中，杨柳正为春天舞蹈
柔柔的树梢上，鸟儿正为春天歌唱
害羞的草，已冒出头儿吸气
欢快的蝴蝶，在大片花海中玩耍
涓涓的小河，奏起悦耳的乐曲

夏天

晨光熹微，露珠躲在小花叶下
烈日当头，知了立在枝头为夏天歌唱
夕阳西下，灌木戴上了红红的的头花
夜幕降临，萤火虫装扮成漫天星斗藏在乡野
月上柳梢，星星们聆听我们白天的童话

秋天

突如一阵桂花香，人们才知道仰望秋的额头
蓦然稻菽千层浪，人们领略弯腰的谦卑
戛然雁鸣千里，人们彻悟了迁徙的真谛
霎时落叶飘飘，人们知晓了落叶归根的道理

冬天

天寒地冻，风无情地吹着万物的脸庞
树木们，却仍像战士一样，傲然挺立在风中
因为他们，深深知道
冬天来了，春天还会远吗

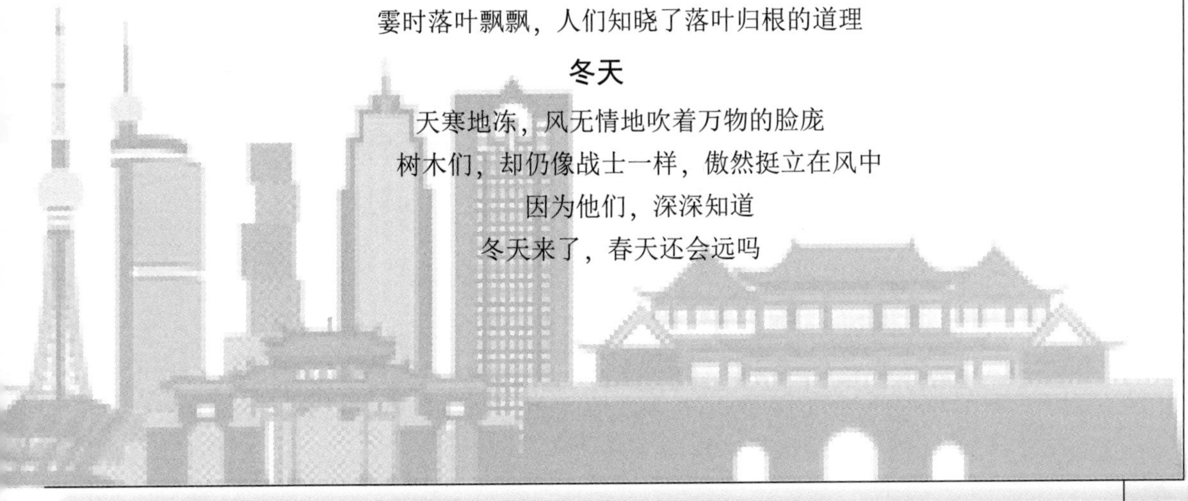

佛山市西南第十一小学

班级：六（4）班

森林，被放在一场春雨中

陈展弘

森林，被放在一场春雨中
感受绿的浇灌，翠的淋漓
此时，你一定会听到森林幸福的歌声

森林，被放在一粒种子里
感受阳光的呵护，春风的洗礼
此时，你一定会感受到森林成长的拔节声

森林，被放在城市的掌心
感受园丁的关爱，劳动者的垂青
此时，你一定能抚摸到森林的年轮里哗哗的涛声

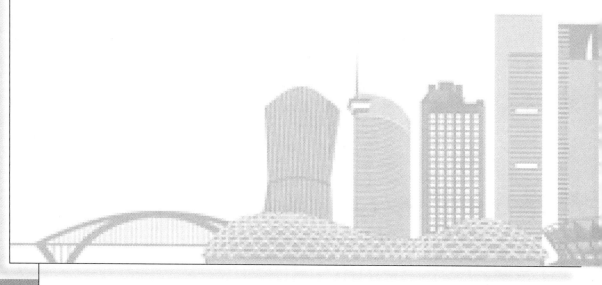

佛山市西南中心小学

班级：五（7）班

早晨音乐会

白航鸢

　　春日的凌晨，天未破晓，白云躲了起来，大地朦胧一片。小鸟们雀跃欢呼，穿越黑夜，聚集黎明，它们要举行一场凌晨音乐会，用美妙的歌喉唤醒沉睡的人们。

　　音乐会开始了，传出一阵阵动听婉转的歌声。那歌声此起彼伏，似高山流水。我被那歌声迷住了，透过窗户往外看，发现歌声来自我家窗前的大树上。透过层层迷雾，我隐约看见了它们的身影。我不由得一愣，它们的成员好多呀！有的站在枝繁叶茂的大树上，有的在低空中飞翔，还有的站在我家的窗台上。我伸手过去，它们也不怕，就像好朋友似的在一起嬉戏玩耍呢！在我小时候的记忆中，我们小区几乎不见鸟儿的身影，更别奢望能听到如此动听的歌声了。

　　近年来，我们佛山市正在努力创建森林城市家园呢！这就是耳闻可见的成效呀！我静静地趴在窗户上，享受着这自然界的和谐旋律。歌声还在继续，时间悄悄流逝，人们陆续从睡梦中醒来，对窗外的小精灵们投去感激的目光。鸟儿们立刻欢欣叫了几声，仿佛在回应人们的赞赏。

　　慢慢地，太阳跃出了地平线，白云露出了笑脸，大地一片金黄。我注视着鸟儿们欢快而又活泼的身影，它们也回头看我一眼，然后扑棱着翅膀飞远了。

　　我身临其境，聆听着鸟儿们动听的清晨合奏曲，感受到"处处闻啼鸟"的美妙境界，见证了《画》中那"人来鸟不惊"场景呈现的真实奇迹！我们享受着家住森林城市生活的惬意。每天，心中都会像花儿一样绽放我们的感激。

　　每一天，每一年，这一生！

第二部分

佛山市建设森林城市绘画

佛山市顺德区郑敬诒职业技术学校

班级：综合145班
指导老师：卢洁宁

《现代森林城市》
黄慧珊

佛山市顺德区郑敬诒职业技术学校

班级：珠宝163班
指导老师：卢洁宁

《我们的快乐森林城市》
黄俊贤

佛山市第十一中学

班级：203班
指导老师：林娟红

《绿色家园》
张丽君

佛山市顺德区龙江锦屏初级中学

《理想中的家园》
张文妮

佛山第十中学

班级：206 班
指导老师：马芬

《共处》
吴婧滢

佛山市南海区桂江二中

班级：207 班

《无题》
周志辉

顺德龙江龙山初级中学

班级：208班
指导老师：陈锦章

《我心中的森林家园》
陈可欣

佛山市高明区第一中学附属初中

班级：207班
指导老师：苏世荣

《梦幻家园》
梁敏琪

佛山市高明区第一中学附属初中

班级：305班
指导老师：陆嫦亮

《绿色守护者》
李静茹

佛山市顺德区龙江锦屏初级中学

《绿色家园》
黄家新

佛山市顺德区龙江锦屏初级中学

《守护我们的家》
尤宏莹

佛山第十中学

班级：208班
指导老师：劳燕卿

《守候》
陈宝怡

佛山第十中学

班级：204班
指导老师：马芬

《陪伴》
张立勤

佛山第十中学

班级：201 班
指导老师：马芬

《生命》
陈锦新

佛山第十中学

班级：109班
指导老师：劳燕卿

《绿境奇缘》
杨小倩

佛山第十中学

班级：206班
指导老师：马芬

《自然界的演奏》
梁晓童

佛山市南海区里水镇和顺中心小学

班级：六（7）班
指导老师：邓君

《和顺水乡》
周恩迪

佛山市三水区西南第十二小学

班级：三（4）班
指导老师：张柳红

《兴盛繁荣之佛山》
徐靖康

佛山市三水区云东海街道下东鲁小学

班级：三（2）班
指导老师：吴福明

《植物房子》
何少环

佛山市三水区白坭镇中心小学

班级：五（5）班
指导老师：罗敏霞

《森林家园》
陆萱霖

佛山市容桂幸福陈占梅小学

班级：五年级
指导老师：韩海生

《美丽容桂》
周原茵

佛山市容桂幸福陈占梅小学

班级：五年级
指导老师：韩海生

《热闹的顺峰山公园》
梁恩宇

佛山市禅城区张槎东方村头小学

班级：六年级
指导老师：刘小媚

《森林家园》
汪小楠　张秉香

佛山市顺德区容桂瑞英小学

班级：四（2）班
指导老师：麦丽韵　李泳君　宗楚文

《野餐乐》

邓佩滢

佛山市三水区云东海街道下东鲁小学

班级：四（2）班
指导老师：程玉芝

《乐》
程梓垚

佛山市禅城区南庄镇中心小学

班级：三（1）班
指导老师：魏美云

《鸟儿的乐园》
潘彦言

佛山市禅城区南庄镇中心小学

班级:三(1)班
指导老师:魏美云

《乡村的荷塘美》
关乐琪

禅城区南庄镇中心小学

班级：五（1）班
指导老师：陈柳红

《我心中的森林家园》
梁嘉钺

佛山市三水区西南街道第十小学

班级：三（3）班
指导老师：李丽珍

《我心中的森林家园》
李楚宁

佛山市禅城区怡东小学

班级：四年级
指导老师：劳燕卿

《快乐家园》

李思颖

佛山市禅城区怡东小学

班级：四年级
指导老师：劳燕卿

《美丽家园收集器》
欧泳欣

佛山市顺德区勒流江义小学

班级：五（4）班
指导老师：林秋君

《一桥绿城》剪纸

陈妍

第三部分

佛山市建设森林城市「森森不息」绘画比赛获奖作品

佛山市大塘镇中心小学

《绿城酒店》

彭宇涵

| 佛山市乐平镇中心小学

《绿色家园》
许薇

佛山市西南街道第八小学

《荷间嬉戏》
王若琳

| 佛山市西南街道中心小学

《绿色家园，快乐成长》
温蕴珊

佛山市云东海街道下东鲁小学

《绿色家园》

张正东

佛山市三水区实验小学

《同一个家》
黄溪源

佛山市西南街道第十小学

《绿化校园》
曾羡珩

佛山市三水区实验小学

《蚂蚁快车》
王悦童

《我们植树 我们快乐》
陈语涵

| 佛山市芦苞镇新乐丰小学

《绿林约见新乐丰》
李倩怡

佛山市乐平镇南边小学

《绿色家园》
李颖珍

佛山市西南街道中心小学

《绿色家园》

邱洋

佛山市大塘镇实验幼儿园

《美丽家园》
夏晓程

| 佛山市时代城中英文幼儿园

《森林里的三水》

曾宝琳

佛山市朝阳幼儿园

班级：206班
指导老师：马芬

《自然界的演奏》
陈晓岚

佛山市大塘镇实验幼儿园

《大树之家》

叶思佟

佛山市乐平镇黄塘幼儿园

《空中花园》
杨雨彤

| 佛山市三水区小天使幼儿园

《森林小卫士》
黄美婷

附录：佛山市建设森林城市征文绘画比赛集体奖及优秀组织奖

佛山市三水区西南中心小学

佛山市禅城区怡东小学

佛山市顺德区容桂上佳市小学

佛山市禅城区南庄镇中心小学

佛山市南海区九江镇石江小学

佛山市南海区狮山镇小塘中心小学

佛山元甲学校

佛山市冼可澄纪念学校

佛山市南海区里水镇和顺小学

佛山市三水区西南街道第八小学

佛山市高明区高明实验中学

佛山市南海区桂江一中

佛山市高明区沧江中学

佛山市第十中学

佛山市城北中学